商业空间展示设计研究

邵新然 著

中国纺织出版社有限公司

内 容 提 要

商业空间就是为商业活动提供有关设施、服务或产品，以满足其物质需求及精神需求的场所。随着现代商业模式的变化，商业形态也向多元化、多层次方向发展。

《商业空间展示设计研究》精选了大量的经典案例，在研究商业空间的展示设计方面，结合基础概述、基本原理与要素、方法与程序、表现与实施加以举例解析，将有关的理论、方法、技能和经验有机结合起来进行介绍，为设计师提供借鉴与参考。

图书在版编目(CIP)数据

商业空间展示设计研究 / 邵新然著．-- 北京：中国纺织出版社有限公司，2021.5

ISBN 978-7-5180-8514-9

Ⅰ.①商… Ⅱ.①邵… Ⅲ.①商业建筑—室内装饰设计—研究 Ⅳ.①TU247

中国版本图书馆 CIP 数据核字（2021）第 078063 号

策划编辑：韩　阳　　　　责任编辑：朱健桦

责任校对：高　涵　　　　责任印制：储志伟

中国纺织出版社有限公司出版发行

地址：北京市朝阳区百子湾东里 A407 号楼　邮政编码：100124

销售电话：010—67004422　传真：010—87155801

http://www.c-textilep.com

中国纺织出版社天猫旗舰店

官方微博 http://weibo.com/2119887771

三河市宏盛印务有限公司印刷　各地新华书店经销

2021 年 5 月第 1 版第 1 次印刷

开本：710×1000　1/16　印张：10.75

字数：200 千字　定价：42.00 元

前言

在当今技术飞速更新的信息时代，人们对商业空间的需求越来越趋于复合化、人性化、个性化和多元化。这就决定着设计师需要把顾客的需求变成自己的目标，设计出有创意、便捷舒适、新颖、使用功能合理、满足人们心理感情需求的商业空间。

本书共五章，从展示设计的角度出发，阐述了商业空间展示设计的基本原理与要素、设计方法与程序、展示设计的表现与实施等内容。书中对展示设计实践进行了更为理性的思考与总结，具体探讨了展示设计理论、设计程序、设计技巧等，对提高展示设计师的设计能力和水平，推动文化创意产业发展，具有较大的促进作用和借鉴意义。

本书得以脱稿付梓，要感谢各位同事、领导的支持与帮助！另外，对于书中不足之处，还望各位专家、学者予以指正，在此先表谢意！

作　者

2020 年 11 月

目录

第一章 展示设计概述

第一节 展示设计概念

一、展示设计的含义

展示，英文是“display”，它源于拉丁语的名词 diplico 和动词 diplicare，表示展现之类的状态、行为。展示一词属于新兴词汇。“展”为翻动、伸展之意，“示”为启示、演示之意，组合在一起就形成了“展示”这个动静结合的词语。人们在日常生活中，会接触各种各样的展示活动。展示是展示会的简称，展示的概念是展览概念的扩展。所谓展览就是将物品摆出来给人们看的意思，而展示活动强调的是公众参与，不仅要接收信息，还要反馈信息，是信息交流与传递的主体。公众在参与展示活动中进行实践和体验，这绝不是一个“览”字所能包含得了的。而“示”包含明示、暗示、示范、演示等意义，不仅有静态的含义，还有动态的含义。静态含义指商品陈列、图片展示、文字说明等，观众可以欣赏和观看。动态的含义指通过人的视觉、触觉、听觉等不同的感觉器官用不同方式全方位传递信息，强调观众与展示的互动。

现代展示是一个有着丰富内容、涉及领域广泛并随着时代的发展而其内涵不断充实的课题。展示艺术是一个以环境设计学科为主，还涉及其他多种相关学科的设计领域。在设计方法和程序上，展示设计具有室内设计、公共空间设计、景观设计及视觉传达设计、工业设计等方面的特点，同时它又具有自身的专业特征。展示设计本身已经超脱了上述学科，由三维设计推进到了四维设计乃至超维设计，它的空间已不单纯是一个“上下、前后、左右”的概念，还充满了人流及信息的转换，是一个流动的空间，并且加入了人的感觉因素，如触觉、嗅觉、听觉等。展示设计本身并不是最终目的，它是通过设计运用视觉传达手段，并通过空间规划、平面布置，借助道具、设施、照明技术，对展示空间环境进行再创造，将信息有目的、有计划地展现给观众，力求使观众接收设计者所要传达的信息。为达到这个目的所进行的综合性设计工作，即为展示设计。

展示设计是一门综合艺术设计，它的主体为商品。它是在既定的时间和空间范围内，运用艺术设计语言，通过对空间与平面的精心创造，使其产生独特的空间氛围，不仅含有解释展品、宣传主题的意图，还能使观众参与其中，达到完美沟通的目的(图 1-1～图 1-4)。

图 1-1　汉诺威商业展览

图 1-2　2017 年成都国际车展斯巴鲁展位

图 1-3　2015 年日内瓦国际车展奥迪展位

图 1-4　2017 年成都国际车展 Mini 展位

二、展览业、会展活动及会展产业的含义

要对展示设计的概念有更深入的理解，那么对什么是展览业、会展活动及会展产业也要有一定的了解与认识，这样才能更好地理解展示设计的概念。

(一)展览业

各种商贸和非商贸(指宣传性和艺术性)展览会、博览会、国际大型会议、世界博览会及其他特殊活动，共同构成当今会展活动的概念，它迅速发展为会展业，也称展览业(图 1-5、图 1-6)。

图 1-5 2018 年中国西部国际博览会中国石化展位

图 1-6 2018 年中国西部国际展览会中国铝业展位

(二)会展活动与会展产业

会展活动是一个国家或地区,为达到一定的经济目标而举行的会议、展览及特殊活动的总称。会展活动是经济生活中的一种现象,各地区根据自身情况不同,举办不同层次和不同规模的相关活动,这些活动即使对本地经济并不产生实质性影响,对丰富当地居民的物质文化生活也是十分必要的。但是,从经济学的角度看,这些活动只要达不到一定规模,对本地经济不能构成实质性的影响,就只能界定为"会展活动",而不能称其为"会展产业"。

会展产业是通过举办大型国际会议和展览,来带动当地的旅游、交通运输、餐饮及相关服务业的一种新兴产业。会展产业是一个新兴的服务行业,影响面广,关联度高。会展产业有广义与狭义之分,狭义的会展产业主要是指节庆、展览、综合设计、营销、管理、服务等;广义的会展产业主要包括对城市的形象定位、城市的标志性设计，以及企业的产品和形象的展示这三个方面。会展经济逐步发展成为新经济增长点，而且会展产业是发展潜力非常大的行业之一。在新时期，必须大力发展会展产业，全面提升会展经济。

三、展示设计的主要特征

展示设计是时空艺术的表现形式之一，是多维的空间艺术设计，是对人心理、思想和行为产生重大影响策划活动。

(一)综合性

展示设计包含多种专业知识，是综合性很强的学科。其应用研究领域涉及视觉传达、信息技术、策划与管理、展品性能、市场供求、消费心理、建筑空间、美学、传播学等诸多方面。展示设计学科需要绘画、雕塑、摄影、现场演示技术、舞台美术、计算机多媒体、装饰艺术、照明技术、工程管理、计划及成本核算等专业技能的综合性支持。展示设计的这种需要多种专业知识支持的特点，决定了其学科专业的综合性特征，并且较其他设计类专业更加突出(图 1-7)。

图 1-7　海康威视展台设计

(二)时效性

时效性是指信息仅在一定时间段内对决策具有价值的属性。展示设计的时效性主要体现在人、物以及展示活动本身这三个方面在不同的时间对达到相应展示活动的目的效果是不一样的。首先，人在展示空间中不仅接收信息需要一定的时间，并且展示信息内容在观众脑中的记忆也有一定的时效性。其次，展品会因季节、节日等因素具有一定的时间性，例如服装展就具有较强的时间性。最后，展示活动本身也具有一定的时效性，这种时效性不仅体现在展示活动的不同时间段内，也体现在不同类别的展示活动中(图 1-8)。

图 1-8 2019 年国庆 70 周年四川省彩车展示设计

(三)前沿性

展示设计充分体现时代特征。展示设计的前沿性不仅表现在对某种新材料、新技术的运用，更重要的是一些最新的设计理念、思维方法、销售模式等都会在展示设计中体现，并逐步推广运用到社会其他领域中(图 1-9)。

图 1-9 2015 年米兰博览会德国馆的特殊纸板

四、展示活动的作用

展示活动是一个复杂的人与物、人与人沟通交流的过程，是一种宣传性很强的社会活动，它涉及政治、经济、文化、教育、生态环境等内容。展示活动的作用可归纳为以下几个方面。

(一)经济作用

参加各类展示活动，是各厂商进行市场调研、产品开发与促销以及市场竞销的重要手段和途径，它们借此可以获取产品情报与市场情况，推销产品，拓展市场，从而达到事半功倍的效果。现代会展业被称为世界“三大无烟产业”之一。它具有强大的产业带动效应，不仅给城市带来场租费、搭建费、广告费、运输费等直接收入，还能创造住宿、餐饮、通信、旅游、购物、贸易等相关收入。这种经济的拉动比例高达1∶9。会展经济可见一斑。而更为重要的是，会展能汇集巨大的信息流、技术流、商品流和人才流，会对一个国家、城市或地区的国民经济和社会进步产生难以估量的影响和催化作用。

目前，在世界范围内，如新加坡、德国等都视会展经济为重要的经济支柱，原因在于它们都看到了会展经济的利益所在(图1-10、图1-11)。

图1-10　2015年CeBIT展(一)

图1-11　2015年CeBIT展(二)

(二)教育作用

教育的功能是展示活动的基本功能之一，展示活动所起的教育作用是一种社会教育。由于展览具有公开性、真实性和形象性，所以容易被广大社会公众认识、理解并产生共鸣，它可以有效地补充学校教育的不足。各种展览会、陈列馆、纪念馆、美术馆、现代科技馆等已成为全社会的文化教育中心，让公众从“百闻不如一见”的真实感受中学习到更多知识，提高自身素质(图1-12、图1-13)。

图1-12 苗族服饰展厅内部空间

图1-13 北京服装学院民族服饰博物馆中的织绣展厅

(三)拓展旅游、弘扬文化

随着社会的发展，经济生活水平的不断提高，人们对出行旅游的需求越来越大，地域经济的完善和多样化使地方文化发展迅速，一些地方以自己独特的人文、自然文化特征为展示主题，吸引游客，激发游客对不同特色商品的消费欲望，从而促进全世界范围内的旅游经济与旅游文化的大发展。各类民风民俗博物馆、地域特色文化博物馆、展览会，伴随着地方特色的商品展示，成为现代社会的又一重要组成部分(图 1-14、图 1-15)。

图 1-14　西湖博物馆

图 1-15　雷峰塔文物陈列馆

(四)增加就业机会

会展经济的发展,将直接刺激外贸、旅游、住宿、交通、运输、保险、金融、房地产、零售等行业的市场,从而有力地推动当地第三产业的发展。同时,会展经济的发展将提供和催生大量的就业机会。据上海发展战略研究所所长朱荣林教授介绍,每增加 1000 平方米的展览面积,可创造近百个就业机会。在会展业发达的德国,仅仅以科隆为例,会展业每年产出近 2000 亿马克的社会效益,能创造出约 4 万个就业机会,2000 年汉诺威世博会就创造了约 10 万个就业岗位。

(五)促进经济贸易合作

商贸展会提供了巨大的贸易平台,有效推动了经济流通,尤其是在制造、运输、批发业发挥了重要的作用。三分之二的企业将会展作为流通手段。在大多数交易会、展览会和贸易洽谈会上都能签署一定金额的购销合同,以及投资、转让和合资意向书。

(六)加快城市基础设施建设

会展经济的产业带动作用明显反映在对城市基础设施和其他相关硬件设

施建设的拉动方面。1999 年我国在昆明举办世界园艺博览会，218 公顷的场馆群及相关投资总计超过 216 亿元，使昆明的城市建设至少加快了 10 年。2000 年在德国汉诺威举办世界博览会，德国政府为此拨款 70 亿马克进行基础设施建设，大大改善了该市的基础设施环境。

（七）提高会展活动举办城市的知名度

会展活动的举办对提高举办城市的知名度有着重要的作用。国际上有许多以展览著称的城市，尤以德国为多。如汉诺威、莱比锡、慕尼黑等均是世界知名的会展之都。法国巴黎，平均每年要承办 300 多个国际大型会议，因此赢得了“国际会议之都”的美称。另外，我国香港以其每年举办若干大型国际会议、展览而在国际上享有盛名。还有上海、大连、青岛等很多城市都是因为会展活动的举办而闻名的。

（八）促进社会发展

现代社会中，人与人之间、组织与公众之间都必须建立和保持相互沟通、了解以及合作的渠道，接收信息并且能够做出反馈，共同处理问题并解决大量纠纷，这就需要一种符合道德标准的沟通渠道、技术、形式。而展示活动就是一种感染力较强的沟通工具和有效的宣传手段，是一个国家、地区、部门、组织、企业以及个人的形象缩影。展示活动凭借实物、图表、道具、音像资料、现场演示和流动的空间，比文字宣传和口头说教更具有说服力。真实的实物、精致的版面、动人的音乐、动感的画面和独特的造型艺术、空间艺术相结合，创造出引人入胜的展示效果，可以塑造完美的现代社会形象。

第二节　展示设计发展

一、展览发展的原始阶段

展览发展的原始阶段是原始社会。由于当时生产力非常低，所以这一时期的展示形式表现为简单的物物交换。展示大都是自发的，范围也比较小。远古时期的功利主义思想和图腾崇拜所产生的岩画、陈列偶像，宗教画里的山洞、祭坛、庙宇、神殿，就是最早的展示形式。展览发展的原始阶段表现比较突出的是祭祀、狩猎等远古展示活动（图 1-16）。

图 1-16　埃及壁画

二、展览发展的古代阶段

展览发展的古代阶段是奴隶社会到 17 世纪。这一时期，随着剩余价值的产生和职业的分工，人类社会出现了商品交易的集市贸易形式。在中国民间传统的庙会上，货物琳琅满目，各种小吃、杂耍、戏剧、民间艺术、手工艺品等穿插其间，形成了集拜神、购物、浏览、观摩等为一体的综合性文化娱乐活动。这就是商品展示和展销会最初的雏形。

世界其他地区的古代展示发展与我国的情况大同小异，也是在集市、庙会的基础上发展起来的。在欧洲，反映物质文明的展示源于"市集"，"市集"在拉丁语中是"宗教节日"的意思，在德语中是"聚众活动"的意思，这些都足以表明古代组织集市的时间大多选择在某一宗教节日以吸引大众参加。这一时期的展示特点是组织松散，并且在地区范围内活动。

在封建社会，随着商业贸易活动的繁荣，出现了店铺，产生了商号、牌匾等形象标志，这在史料上均有详细记载。《清明上河图》(图 1-17)画卷上也形象地刻画了汴京商号的招牌、商品陈列、店面装饰等内容。这是中国最早的商业展示和视觉传达设计。

图 1-17　《清明上河图》局部

在西方,博物馆的雏形最早出现在古希腊、古罗马等国。公元前 5 世纪古希腊奥林匹斯神殿里的一个收藏战利品和雕塑的仓库,便被看作是博物馆的起源。皇宫以及达官贵人为了显示自己的富有或者是为了欣赏古文物,将祖传的珍贵宝物、皇室的赏赐珍品、贵重纪念品、出土文物、名人绘画、书籍等摆放在私人的陈列室中。文艺复兴后期,随着考古学、自然科学和航海技术的发展,陈列室逐步由家庭走向了社会,产生了与自然、科技、地质、人文等内容相关的社会"博物馆"。其中,以英国、德国、法国等发展得最早(图 1-18、图 1-19)。

图 1-18　奥林匹斯神殿

图 1-19　法国卢浮宫博物馆

三、展览发展的近代阶段

展览发展的近代阶段是 17 世纪到 19 世纪。这一时期由于工业革命的爆发，商品经济得到极大的发展，航海的发展使得交通变得更加便利。这一时期的展览发展，在文化方面，主要体现为各类博物馆的建设和文化艺术性的展览活动，如这一时期比较著名的博物馆有大英博物馆（图 1-20）及纽约大都会艺术博物馆（图 1-21）等；在经济方面，主要体现为国际博览会的产生与发展，如这一时期比较著名的展示活动有 1761 年英国工业艺术展、1798 年法国国家工业产品展览会、1851 年英国伦敦世界博览会等。这一时期展示的特点是：以展示为目的，规模大，有组织。

图 1-20　大英博物馆

图 1-21　纽约大都会艺术博物馆

四、展览发展的现代阶段

展览发展的现代阶段是1894年德国莱比锡样品博览会至今。由于资本主义市场经济在这一时期得到飞速的发展，再加上航空业的发展，交通更加便利，地球村的概念出现，世界的距离被缩短。这一时期的展示形式表现为贸易展览会和博览会。展示朝专业化、国际化、规模化的方向发展(图1-22)。

图1-22 米兰家具展

第三节 展示设计分类

展示设计是一门综合性很强的艺术学科，它涉及的领域很广泛，既有艺术性又有科学性，既具社会性又具商业性，因此，可从多方面进行分类。

从展示的内容进行分类可分为综合型展、专业型展、会议型展、展览与会议结合型展等。

从展示的目的性进行分类可分为观赏型展(各类博物馆、艺术珍宝展、美术作品展等)、教育型展(各类成就展、历史展、纪念展、人物事件事迹宣传展等)、推广型展(各类新成果展、新产品展、新技术展、新成就展、新方法展等)、交易型展(各类展销会、交易会、洽谈会等)。

从展示的手段进行分类可分为实物展、图片展、样本展、综合性展等。

从地域进行分类可分为地方性展、全国性展、国际性展等。

从展示的规模进行分类可分为小型展、中型展、大型展、超大型展等。

从展示的时间进行分类可分为固定长期展、中期展、短期展、定期展、不定期展等。

从展示的性质进行分类可分为商业展、文化展、商业与文化结合型展等。

从展台的搭建情况进行分类可分为标准展台、改装型标准展台、特装展台。

标准展台是用铝型材、隔板等搭建成的3m×3m×2.5m，通过连接锁可拆装而无任何附加部件的展台。改装型标准展台是在标准展台上另增加一些附件，如加高楣头、立柱，增加侧板等，使展台区别于标准展台，其结构造型会有变化。特装展台是指除标准展台以外，自行设计、搭建的个性化展台（图1-23～图1-25）。

图1-23　标准展台

图1-24　改装型标准展台

图 1-25　特装展台

从设计形式角度来看，可将展示设计归纳为展览会设计、商业环境展示设计、博物馆展示设计、演示空间设计、庆典环境设计、旅游环境设计等。随着经济社会活动在社会中占有越来越高的地位，同时基于研究手段的限制，一般概念上把现代展示设计局限到三个主要方面的空间设计上，即展览会设计、商业环境展示设计和博物馆展示设计。

一、展览会设计

展览会设计主要包括各类展览会、展销会、交易会以及博览会的设计。展览既有一定观赏功能、教育功能，又有拓展销售的作用，往往具有很明显的时间性和季节性，在展出的内容、时间、规模和形式上具有很大的灵活性(图 1-26)。

图 1-26　汉诺威商业展会

博览会大多是由政府或国家认可的社会团体出面主办，其宗旨是促进人类经贸发展和文化科学进步。主办方通过正式外交途径邀请其他国家参加。经过 BIE 批准的博览会称作国际博览会。博览会应体现出民族特色、时代观念、时代特征、高科技手段应用和现代工业水平等(图 1-27)。

图 1-27　2019 年北京世界园艺博览会中国馆

交易型展览是现代社会经济生活中的一个重要组成部分,它是商业性的,各参展单位在指定的展区内展出自己的产品或服务,期望与买主达成现货或期货交易。一般在这样的展览会上,既可以同商人洽谈大宗买卖,又可设置专卖品销售部,直接售货给广大参观者。专业性较强的交易会,对来宾均要求专业相对“对口”,可以有计划地组织报告会及座谈会。我国的广州交易会、上海工业博览会等均属综合型交易活动,进口、出口、中外合资经营、来料加工、引进资金等都是活动涉及的内容。在展览会上,成功交易是所有参展商所期望的。是否在竞争中显示出自身产品形象与公司形象的特征、给观众留下最佳印象、争取到最多的订单,是衡量展览设计成功与否的重要标准。在设计上应注重创造丰富、活泼和热烈的气氛,追求造型多变、色彩鲜明,以达到给观众留下强烈印象的效果(图 1-28、图 1-29)。

图 1-28　新加坡电信展览会

图 1-29 2008 年杭州孚博科技有限公司商业展位设计(设计:单宁)

二、商业环境展示设计

商业环境是指各类商店、商场、超市、卖场专柜、产品专营店、售货亭等商业销售环境。商业环境设计可分为店内商业环境设计与店外商业环境设计,如店面设计、橱窗设计、POP 广告、CIS 设计(专卖店)等(图 1-30)。

图 1-30 日本鞋包专卖店

商品展示的主要功能是商品销售。商品展示通过各种手段,准确、快速地向顾客传达信息,给顾客强烈的视觉冲击力并留下深刻印象,使之流连忘返,产生购买欲望。这就要求购物环境的设计必须采用适合于销售的商品陈列、展示方式，灯光照明、货架、展台、柜台造型、色彩、POP广告等的设计，既要醒目，方便顾客购买，又要与室内装修风格相协调（图1-31、图1-32）。

图1-31 KAKAO FRIENDS SHOP 主题店（一）

图1-32 KAKAO FRIENDS SHOP 主题店（二）

广告橱窗是购物环境的一部分，它既是商业窗口，又是城市景观之一。商店橱窗没有固定规格及模式，可采用封闭式、开敞式与半开敞式等形式。设计中除充分展示商品功能外，还应充分利用色彩搭配、照明等手段，突出商品的最佳形象。

三、博物馆展示设计

博物馆是征集、典藏、陈列和研究代表自然和人类文化遗产的实物的场所。博物馆主要包括历史博物馆、自然博物馆、科技馆、纪念馆、民俗博物馆等。博物馆的陈列展示有四大职能——信息收集、学术研究、解释、陈列观赏。其社会功能主要是为专业研究和社会教育提供良好的环境和条件，寻求知识、接受教育是观众走进博物馆的主要目的。

museum(博物馆)，是从Muse(缪斯)发展而来的。museum原意指供奉缪斯女神的神殿。16世纪欧洲文艺复兴以来，museum一词也指大学校舍、礼堂和学者的书斋。大约17世纪以后，它才开始指藏品和收藏设施的总和，与现在用法大体一致，不过，现在所指的范畴比过去有所扩大。博物馆是人类文化遗产与自然遗产的宝库，是展示人类文明的橱窗，也是对公众进行文化普及的机构。在一定意义上，博物馆是一个国家经济发展水平、社会文明程度的重要标志。它对提高国民文化素质、促进国家科学技术发展起着积极的推动作用。

截至2018年底，我国登记备案的博物馆达5354家。2018年12月26日，文化和旅游部召开2018年第四季度例行新闻发布会，发布会指出，文化和旅游部按照新发展理念要求，大力推进旅游业供给侧结构性改革，"以文促旅，以旅彰文"，围绕满足人民群众旅游消费需求，不断深化文旅融合，不断丰富旅游产品供给。

博物馆建筑具有文化性、艺术性，以及较为宽松的功能限制，是一种非常具有表现力的建筑。国际上许多优秀的建筑师，正是在博物馆建筑设计的创作中留下了杰出的建筑艺术瑰宝，为人类的建筑史增添了光辉的一页(图1-33、图1-34)。

图1-33 美国纽约古根海姆博物馆(设计:赖特)

图 1-34　西班牙毕尔巴鄂古根海姆博物馆(设计:盖里)

近年来,随着我国各类博物馆向公众免费开放的逐步推广,更多的观众被吸引走进博物馆;旅游产业的迅猛发展,也给博物馆带来了新的发展机遇和空间。博物馆以其高品位、富有文化含量的特性已逐渐成为集参观、休闲、旅游为一体的文化消费场所,成为城市文化设施的重要组成部分,是展示、衡量一个国家、地区、城市社会进步和文明程度的重要窗口和标志(图 1-35～图 1-38)。

图 1-35　2014 年万科展厅设计(手绘作者:单宁)

图 1-36　2006 年历史博物馆橱窗陈列设计(设计:单宁)

图 1-37 美国芝加哥科学与工业博物馆

图 1-38 2018 年阿斯塔纳世博会中国馆

博物馆分类的方法比较多，归纳起来大体可按四种方法进行分类：

(1)第一种：按照建筑面积将博物馆分为大、中、小三种类型。

①建筑面积大于 $10000m^2$ 的为大型馆，适用于省(自治区、直辖市)及各部(委)直属博物馆。②建筑面积为 $4000 \sim 10000m^2$ 的为中型馆，适用于省辖市(地)及各省厅(局)直属博物馆。③建筑面积小于 $4000\ m^2$ 的为小型馆，适用于县(市)及各地、县局直属博物馆。

(2)第二种：按照藏品内容划分，分为综合型和专门型博物馆。根据藏品内容又可将博物馆细分为九大类，即综合类、历史类、民族民俗类、艺术类、文化教育类、自然类、科技产业类、纪念类、收藏类。

(3)第三种:按照服务对象来划分,分为成人博物馆和儿童博物馆。

(4)第四种:按照管理者来划分,分为国立博物馆、公立博物馆和私立博物馆。

四、演示空间设计

剧场、影院、音乐厅、歌舞厅、报告厅、服装表演展示空间等的环境气氛设计各有不同的特点及使用要求,空间规模、布置装饰、道具使用等也随之变化,如音乐厅对音色、音质的要求较高,歌舞厅则要满足视觉的要求。

演示空间设计应包含观众的使用部分、辅助设计部分及演出空间部分的环境气氛,包括各类展示牌、绿化、照明、服饰、道具、设备、灯光等内容。设计中尤其应注意的是合理设计出动态空间(演示)与静态空间(观赏)的环境气氛,以及空间中互动关系的衔接(图 1-39)。

图 1-39　2017 年成都国际车展演示空间

五、庆典及旅游环境设计

一些重要的节庆活动、礼仪活动需创造一个符合其内容气氛的环境。如大型的游园活动环境,平面布局、悬挂彩旗、搭建彩楼、陈设植物等都属于展示设计的范围。大型运动会的开幕式、闭幕式等需要结合现代科技的手段进行综合设计(图 1-40、图 1-41)。

图 1-40 伦敦奥运会场景(一)

图 1-41 伦敦奥运会场景(二)

在对旅游范围内的名胜古迹、观光点、植物园、动物园等环境进行设计与布置时,保护和突出各类文物古迹及观赏品是设计的首要任务,在这些环境设计中还应注重道路、观众滞留空间、导游平面图、环境设施、休息区域、绿化、广告标牌等内容的设计与总体环境气氛相一致,使游客流连忘返。

第四节 展示设计发展趋势

纵观人类文明发展史,我们可以非常清楚地看到展示艺术所起到的重要作用,展示活动一直伴随着人类社会文明的进步而不断发展变化着,展示作为人类互相交流和传递信息的媒介,发挥着其他艺术形式不可替代的功能。随着信息时代的到来,计算机技术的发展,多媒体技术、网络技术和虚拟现实技术的广泛应用，展示设计的概念和思维方式也发生了很大的变化，展示设计已经从传统单一的设计形式向科技与艺术融于一体的综合性设计转化。

现代科学技术的发展拓展了展示设计的领域，现代展示设计从物质转向非物质，从现实转向虚拟，从平面转向空间，从有限转向无限。在知识创新大潮风起云涌的信息化时代，现代展示设计呈现出了新的特点和趋向。世界性的展示设计发展将主要体现在以下几个方面。

一、设计人性化

人性化设计是现代展示设计的根本，人是作为主体来观赏、领悟展示内容的，因而也是最重要的研究对象。21 世纪以来，社会学家和心理学家对参观者的认知心理、环境行为做了许多研究，其成果直接在展示设计中得到了运用。如国外的很多展示场馆十分重视参观路线和照明等观赏环境的设计，注意为儿童、老年人、残疾人服务，绝大多数考虑了无障碍设计，有些还设有儿童游戏室等。它们不仅考虑为公众提供陈列空间，而且还考虑到各种为公众服务的辅助场所。在信息时代，融科技和艺术于一体的展示设计呈现出更人性化、更亲切、更强调人在展示活动中的地位以及物质与精神上全方位的需求。要想使展示信息有效地传递给参观者，使他们从中获益，就要求设计者为参观者创造一个舒适而实用的观赏环境，要尽可能地满足参观者的信息需求及生理、心理需求。展示的效率是通过展示空间的氛围营造来实现的，也就是有些人所说的“场”。这个“场”的营造要有交流和对话的环境气氛，而不是喋喋不休的说教和填鸭式的灌输。要具有一种亲和力，使受众在展示空间中体验到造型、材料、实物、图像、声音等中介媒体的生命、活力、表情和情感，使展示空间具有像朋友聚会交流一样的感人魅力(图 1-42)。

图 1-42　2018 年北京国际车展雪佛兰展台中的人性化地台设计

二、参与互动性

展示的互动性设计最为符合现代信息的传播理念，也更能调动参观者的积极性，提高他们参展的兴趣。互动性设计意味着参观者并不是被动地参观，而是主动地体验展示内容，也体现了设计者对参观者的人文关怀，参观者已不仅仅是旁观者，而是变成了探索世界奥秘的主人。早在20世纪60年代，世界上许多有远见的专家就提出了“寓教于乐”的观点，陈列室内“请勿动手”的牌子逐渐被“动手试试”所代替。展示设计打破以往那种单一的静态展示、封闭式展示方式，变成鼓励参观者参与，在真实的环境中去理解展品、体会展品，让参观者直接动手操作，形成新意迭出的独特陈列。著名的美国芝加哥科学与工业博物馆居然把公众引入地下真正的煤层，让人们亲自体验煤炭采掘的全过程。但在这些展示中，展品始终是展示信息传播的主体、设计的中心，其互动性是非常有限的。随着信息时代的到来，科技的进步，展示观念的更新，围绕着展示互动性的设计得到了真正意义上的体现。在2000年威尼斯建筑双年展中，参展商、设计师非常重视对互动性的设计，如法国展馆将设计概念延伸至室外，一艘垂挂着白色纱帘的威尼斯汽船航行在展区之间，供参观者登船参与讨论，此刻展示道具已成为处在主动位置上运动着的主体。同样，在2015年米兰世博会的场馆设计中，互动性的设计也体现得淋漓尽致，如德国馆的内部空间就有很多互动性的展示设计（图1-43）。

图1-43　米兰世博会德国馆内部空间设计

三、信息网络化

互联网(Internet)是电子通信技术快速发展的产物。互联网结合多媒体技术,以开放式的架构整合各种资源,通过标准规格和简易界面,以电子电路传送或取得散布在全球各地的多元化资讯。以资讯传达为目的的现代展示设计也迅速地采用信息技术,创造国际化、网络化的快速展示方法。通过国际互联网,展示信息可迅速地在世界上广泛传播,避免由地理位置、交通带来的局限,促进信息的国际交流,达到展示的目的。在2000年上海艺术博览会上,网络与艺博会的"缘分"成为别具风格的景观。此次网络与上海艺博会的"链接",使人们在不同时期能够领略到众多的服务与视觉享受,在艺术的世界里自由"网来网去"。

四、设计手段多样化

多媒体技术是指结合不同媒体,包括文字、图形、数据、影像、动画、声音及特殊效果,通过计算机数字化及压缩处理,充分展示现实与虚拟环境的一种应用技术。计算机技术的发展,多媒体、超媒体技术的应用推广,极大地改变了展示设计的技术手段。与此相适应,设计师的观念和思维方式也有了很大的改变。先进的技术与优秀的设计结合起来,使得技术人性化,并真正服务于人类。先进技术的应用,拓宽了展示内容及手段,进一步推动了现代展示设计的发展。2000年汉诺威世博会中国馆的第一展区作为跨入新世纪的象征大量地采用了多媒体展示,这样既反映了我国在多媒体和互联网方面的广泛应用和普及,也使参观者通过更多的渠道,用现代的手段了解信息,并增强参与感和趣味性。

现代展示设计应当全方位表现商品的特性,展示设计师需要不断地了解和掌握最新的材料工艺、灯光技术、新媒体的运用手段、新型的电子显示手段、新的输入输出技术、新的布展系统和装置等科技含量极高并与商业展示设计有关的技能。

五、虚拟现实化

虚拟现实展示设计,通过虚拟现实技术来创建和体现虚拟展示世界。展示空间延伸至电子空间,超越人类现有的空间概念,成为未来展示设计的发展方向。设计师可以不受现实条件的制约,在虚拟的世界里去创作、去观察、去修改。同时,计算机多种多样的表现形式、丰富的色彩,也极大地激发了设计师的创作灵感，使其有可能设计出更好的展示作品。据悉，Microsoft 公司最近已投资开发虚拟艺术品展览的应用系统。这样，人们就可以通过显示头盔，“看”到三维立体的艺术展品，并且通过触觉手套“抚摸”展品，从而达到欣赏艺术品的目的（图 1-44）。

图 1-44 2017 年成都国际汽车博览会 VR 体验

六、专业化

在各种行业激烈竞争的今天，展览业早已发展成专业的学科，并涉及广泛的领域。要突出展示设计精髓并形成展示规模就需要专业的展示设计师进行设计策划。大到展场选择，小到装饰品的摆放，都是影响展示最终效果的因素。而设计师的能力直接决定了展示设计的专业程度，专业性越强的展示设计师，其设计特色越明显，对参观者产生的吸引力也就越强（图 1-45）。

图 1-45 2009 年成都首届数字娱乐博览会展位空间设计（设计：单宁）

七、创新化

创新是展示设计的一贯原则，同时也是必然趋势。在历史上，展示设计的发展始终都在加入新的元素，技术、理念、材料、空间结构等每一个构成元素都体现了要发展就必须创新的趋势(图 1-46)。

图 1-46　世博会生态馆外观概念设计方案(设计:单宁)

八、文化性

不论是东方还是西方，不论是物质技术还是精神文明，都具有历史延续性。21 世纪是文化的世纪，越是高度发展的后工业社会、信息社会，人们越是对文化有着更为迫切的需求。

展示设计师应努力挖掘不同地域、不同民族、不同时期的历史文化遗产，用现代的设计理念进行新的诠释和传承，这是新世纪展示设计探索的又一重大课题(图 1-47、图 1-48)。

图 1-47　中国西部国际博览会具有民族风格的阿坝展位设计

图 1-48　2018 年中国西部国际博览会甘孜展位

总之，社会的进步和科技的高速发展既对展示设计提出了更高的要求和全新的设计理念，同时也为展示设计提供了先进的技术和多样的手段，为现代展示设计提供了广阔的发展平台。

第二章

商业空间展示设计概述

第一节 商业空间展示设计的概念

商业空间展示设计最早始于集市和庙会，人们在集会上将自己的物品放置在摊位上进行交易买卖，这是最古老的商业展示活动，可以说是商业空间展示设计的雏形。1900 年在英国的杂货店，就对商品进行了非常合理、美观的陈列，即使在今天的超市，这样对商品的分类陈列方法也没有过时(图 2-1)。

图 2-1　早期商店经营者陈列商品的面貌

早在 18 世纪末期，商店经营者就察觉到了展示的重要性，他们十分关心商品的外观摆设和展示，但当时的做法是，将极少部分的商品陈列在商店内，以供顾客作为参考，在获得顾客认可后再带着他们前往储藏间里拿取他们看中的同类物品，这便是最早期的商业展示行为。

商品陈列展示形式的出现是一种全新的进化，商店经营者们将最初储藏在仓库里的商品拿出来，分门别类、进行条理而富有艺术感的陈列展示，令商品不仅仅是用于出售，更成为一种直观的营销方式。它使商店的购物体验有了一个全新的改变，以更为直接且极具视觉的“感官体验”来展现商品的质感。于是，商店经营者们对如何使用商品陈列作为营销手段有了新的认识，商品美观、有效的陈列从视觉上吸引顾客，促使商店成为令人愉悦的购物场所（图 2-2、图 2-3）。

图 2-2　1928 年英国面料展

图 2-3　1957 年英国伦敦理想家居展

亚里斯泰德·布西科（Aristide Boucicaut）是首位提出创立百货商店的人，他于 1838 年在法国巴黎开办了第一家百货公司——乐蓬马歇百货公司（图 2-4、图 2-5）。

图 2-4 1892 年乐蓬马歇百货公司(Le Bon Marché)画像

图 2-5 1920 年百货公司橱窗

Aristide Boucicaut 决定将这家百货公司的橱窗用来展示精美的商品，随着时间的推移，他逐渐将视觉陈列的设计美学延伸到了百货公司的内部。因为他奇思妙想的创意和百货公司齐全的货品，乐蓬马歇在 1852 年一举成为世界第一的百货公司。

时至今日，我们所说的商业空间展示设计，已经不仅仅是当时商品的陈列和展示了，而是指整个商业空间中的与展示有关的所有设计内容，包含商业空间的室内设计、展具设计、商品陈列、流线设计等诸多内容，是一个庞杂的、科学的体系。

今天的商业空间展示设计涵盖了广泛的设计主题，从大型的世界展览会到小型的橱窗展示，从安静的企业展厅到热闹缤纷的主题公园(图 2-6～图 2-11)，都在展示设计的范畴之内。

图 2-6 创意展台

图 2-7 卢浮宫博物馆

图 2-8 展馆

图 2-9 巴宝莉橱窗

图 2-10　展位设计

图 2-11　主题乐园

包豪斯的成员赫伯特·拜耶(Herbert Bayer)曾说:“展示的作品不是挂在展墙上的平面,展览的整体应该通过设计创造成为一种动态的展示体验,即展览的视觉传达方式不是点状的、片状的,而是线性的、连续运动的。”这就阐明了商业空间展示设计要兼具功能和精神的内涵,具备传播和接收反馈信息的双向互动性,在展示中注重与观众的对话与交流,而不是一味地灌输。“展示”本身是个动词,它代表的正是展示设计本身的动态性,通过设计空间、打造形象、传播信息、互动交流的过程,形成一个有效传递信息为目标的动态的、变化的过程。

因此,在商业空间中展示设计会借助策划设计、空间设计、平面广告设计、多媒体设计、交互机制等多元手段来传递展示的目的。展示设计以其直观、形象、系统、生动有趣的魅力，提供了人与人之间信息传递交流的平台。展示设计虽是对一个空间进行设计，但它不同于室内设计，它除了要对展示空间、视觉形式、平面版式进行设计之外，还要考虑从多媒体、音响、光效、互动活动等多种途径来展示内容、传递信息，达到一种互动的、交流目的的设计行为。无论这个展示是文化的还是商业的，无论展期是五年还是五天，所有成功的展示设计都是通过三维空间在传达一个故事，这样的理念始终贯穿这些迥然不同的展示环境中。

有人归纳展示设计是以物为中心的设计行为，这有别于以人为中心的环境艺术设计，但展示设计过程中仍然要考虑人文因素、受众心理、人体工学，依然围绕人在进行设计。其实，更为准确的说法是，展示设计中的人与物都不是主体，而是主体连接的两头，而这个真正的主体就是信息的有效传播与接收。无论是以商业品牌宣传为目的的展览会、橱窗，还是以文化传播为目的的博物馆，都是为了信息的有效传递。一个好的商业展示空间则是商业模式和展示形式的结合体。

第二节　商业空间展示设计的特性

一、综合性

商业空间中的展示设计由多种专业知识组成，是包含广泛的、综合性强的学科。其应用领域涉及多个领域，如市场策划与营销、消费心理、传播学、展览建筑与环境、视听美学等诸多方面的知识。这就要求设计者需要具备包括绘画、摄影、空间设计以及材料和灯光运用等多种技能。

二、多维性

展示是多维的和全息的空间关系。静态的空间是由长、宽、高围合而成的三维空间，但观众在展示空间里，随着视点的移动，光线的变化、视听影像的感受，获得了一个完整的空间感受。因此，展示空间是除了三维立体空间之外，还添加了时间概念、声音、影像、光线、气味等诸多因素的多维空间。展示所具有的这些特点，要求设计者充分考虑展示艺术的多维度特征，合理、充分运用这些多维度空间“语汇”，塑造出一个个生动的商业展示空间环境，使观众能够在多维传播方式的共同作用下，获取有限信息并获得愉悦的感受。

2017 年 NIKE 在上海的时代广场，完成了一个未来主义风格的跑步体验站项目。跑步站在推广“NIKE＋跑步俱乐部”的同时，也为跑步爱好者在这个寒冷的冬季提供了一个临时的运动中心。这个体验中心将跑步爱好者们聚集在一起，通过奔跑的形式发现城市新面貌。体验中心呈六角形结构，结合动感的媒体装饰面以及室内半独立空间的跑步区域，营造出如同万花筒一般的室内效果。跑步爱好者置身其中，他们在跑步机上的运动数据将在室内外的屏幕上实时显示。

三、开放性与流动性

商业展示空间的开放性是指展示活动要创造出一个面向公众，以实现信息现场交流为目的的商业空间环境。商业展示空间不同于私密的生活空间，除了必要的隔离围合外，都应是通透敞开的。因此，如何在开放的环境中陈列商品、融入品牌信息、吸引观众，这是设计者需要思考的问题。另外，目前许多重点历史文物场所，都面临开放性和保护性的两难局面，如何用现代化的科学技术手段来平衡这一矛盾，最大限度地实现让更多观众“实地体验”的开放要求，是现代空间展示的重要课题。

展示空间的流动性是指场馆内由人和物构成的动态参观过程。流动性导致每个人的活动轨迹都是无序、随机的，也导致观众在每个展台浏览的时间也不会太长。这就要求设计者要善于分析观众心理，合理规划展示空间和参观路线，并合理甄选信息。明确、直接、简短的信息被有效传递，这样才能使观众在流动中有效地接收特定的信息，快速有效地介入展示活动。

美国华盛顿的国家建筑博物馆（National Building Museum）有一个七层楼高的中庭，2016 年夏天，这里出现了一个约 6 m 高的蓝色盒子，一些白色的三角锥体遍布其中，或者从顶上冒出来，就像是海洋上漂浮的冰川。也有一些出现在盒子里面或倒挂在“水平面”之下，透过半透明的蓝色外壳可以隐约看到，犹如一个神奇的海洋世界。

参观的人可以走进盒子里，就像走在海洋里面。其中一个冰川有两个滑梯，还可以登上一个冰川去至高处观看装置的全景。这些冰川是用聚碳酸酯材料制作的五面体或八面体，数量超过 30 个。此外一些白色的豆袋椅看似随意地扔在了地面上，让这里变成一个可以聚会、讨论和休息的场所。它们与白色的冰川相对应，远看时，像是某种海洋生物。做这个冰川装置的目的显而易见，是呼吁人们关注气候变暖等环境议题。设计师认为，对很多人而言全球变暖是一个发生在数千里以外的抽象概念，只有当人们站到冰川的下面，才能真切感受到这个问题。此外，他们还增加了更多的互动，吸引更多的人来参观(图 2-12)。

图 2-12　华盛顿博物馆海洋漂浮冰川案例

四、体验性与参与性

体验性、参与性是现代商业展示的标志。现在的商业展示是一种主旨明确的借助展品及各种信息载体向观众传递信息，并影响他们生活的活动，观众是服务的最终端主体。因此，如何为参展方与观众的共同参与创造最恰当的展示空间和氛围，以促进体验与交流，始终是设计师研究的课题。

五、传达时效性

商业空间展示的周期有长有短。例如，会展活动的周期都较短，但展内的信息量巨大，观众浏览展台的有效时间较短，这就要求展会展示设计力求在短时间内完成对观众的信息传递，所传达的信息内容鲜明、简明、直接，展示形式新颖、独特，有强烈的视觉冲击力。

而商业店铺内的展示设计，则是一个相对固定的场所，可能若干年才会更换装修。但店面整体的设计造型、商品的陈列形式还是要新颖、独具创意，才可以不断吸引求新、求变的消费者。

第三节 商业空间展示设计的分类

一、展览类展示设计

大型展会起源于法国，时至今日，法语“EXPO”已经成为国际规模大型博览会通用的缩略词了。世界性的展会可以分为两大类：一种是世界博览会（简称世博会），展期通常为6个月，每5年举办一次；另一类是国际型专业博览会，展期通常为3个月。国际型专业博览会不同于一般的贸易促销和经济招商的展览会，是全球最高级别的博览会。

（一）世界博览会

自1851年伦敦的“万国工业博览会”开始，世博会正日益成为全球经济、科技和文化领域的盛会，成为各国人民总结历史经验、交流聪明才智、体现合作精神、展望未来发展的重要舞台。世博会每五年举办一次，规模巨大，主题包罗万象，也有越来越多的非政府组织加入进来。世博会的规模浩大，需要巨额资金的投入和多年的规划，这都需要一套全面完整的基础设施系统作为支撑，包括交通、住宿、安全、健康和食物等诸多因素。

1. 新产品、新技术的展示舞台

第一届真正意义上的世博会是1851年在英国伦敦举办的。在欧洲的泰晤士河畔，出现了一座令人炫目的水晶宫——当时的英国人耗用了4500吨钢材、30万块玻璃，在伦敦海德公园建成一座晶莹剔透的建筑物。1851年5月1日，英国在水晶宫里举办了第一届世博会，当时有十多个国家赴会，展出了汽车发动机、水力印刷机、纺织机械等一批新产品，拉开了博览会的序幕。

此后，在法国的巴黎、美国的旧金山、比利时的布鲁塞尔、日本的大阪、德国的汉诺威……都留下了世博会的精彩之笔。贝尔电话、科利斯蒸汽机、爱迪生电灯、莱特飞机等一大批凝聚着人类科技创新的“智慧结晶”，都曾在历届世博会上大出风头。1937年在巴黎，帕布鲁·毕加索的画作《格尔尼卡》在西班牙馆展出。1967年，蒙特利尔世博会，展示了IMAX影院的独特魅力。

世博会也保留了少量标志性建筑，1889的埃菲尔铁塔是世博会历史上最著名的标志性建筑，西雅图世博会的太空针，大阪世博会的太阳塔，都还矗立至今，并且成为各个城市的旅游景点和标志符号。

今天，有着近170年历史的世博会，成为先进技术、先进材料和先进概念的展示交流平台，已被视为体现经济和社会成就、展示综合国力、鼓励创新的舞台。

2015年米兰世博会的主题是“滋养地球，生命的能源”，而德国馆的整体设计理念是要表现“思想的田野”的主题定位，设计师们将德国馆打造成一片充满活力且富饶的“风景”，在这里充满了对未来人类营养的各种构想，展示了各种新技术形式(图2-13)。

图2-13 米兰世博会德国馆

参观者有两条参观路线，他们可以漫步到展馆的上层空间，也可以参观展馆内部的展览，其中涉及主题：营养的来源、食物生产、城市消费等。

展馆的中心设计元素是一些有张力的、新芽状、薄膜覆盖的“思想的幼苗”，他们的建设和仿生设计语汇都受到大自然的启发。这些思想的幼苗将内部和外部空间连接起来，融合了建筑和展览，同时在炎热的夏季为参观者提供了乘凉的处所。

这些幼苗集成先进的有机光伏(OPV)技术，能够存储太阳能，与使用传统太阳能电池组的项目相比，德国馆的建筑师们结合现有技术可以创造更多的东西。

2. 世博会场馆的节能环保

世博会是一个浩大的工程，每个场馆的建造都需要大量的材料、能源，如果不加以控制，势必会使建造展会成为浪费资源、生成大量不可再生废弃物的过程。每届世博会上，每个国家都尝试运用新材料、新媒体、新技术来展示自己国家的场馆。但同时由于场馆的“临时性”的特性，每个场馆在设计时也会考虑将来的建筑架构的可拆卸性、材料的可降解性这些问题。很多国家的展馆都是采用环保的、可拆卸并重新组装的材料进行搭建，以保证在半年的展期结束以后，可以拆卸运走。所以在节能减排、循环再利用方面，各个国家在展馆设计方面都做出了巨大的努力。

2010 年的上海世博会，主题是“城市，让生活更美好”，充分反映了全球对于环境的可持续发展问题的共同关注。不少外国馆的建造设计都是按照临时性标准设计和建造的，在设计前就考虑到拆除后材料的重复使用或直接降解。例如日本馆的外部穹顶，是一层含太阳能发电装置的膜结构，非常轻盈，无形中降低了在搭建及使用时的能耗(图 2-14)。再如瑞士馆，最外部的幕帷主要由大豆纤维制成，既能发电，又能天然降解。展览结束后只要涂层涂料，两天内就能降解，无法永久保留(图 2-15)。

图 2-14　上海世博会日本馆

图 2-15　上海世博会瑞士馆互动智能光电幕墙

2015 年米兰世博会的意大利馆，六层楼的晶格结构被包裹在错综复杂的树枝状皮肤中，展馆外面是可过滤烟雾的复合混凝土外观，是由光催化性的空气净化水泥建成，这些混凝土通过与阳光接触，可以吸收空气中的粉尘污染物，并将其转化成为惰性盐。而且这种特殊的环境净化水泥 80%都是由回收的材料制成。该建筑在世博会后也被保留了下来，作为城市技术创新的象征(图 2-16)。

图 2-16　2015 年米兰世博会意大利馆外观图

米兰世博会法国馆建成了一个网络状的、极具凝聚力的“农作物市场”，既可种植、收获粮食，又可当场销售与消费。展馆的拱形大厅内，木格的结构种满了药材、蔬菜及蛇麻子。在建筑底层，游客穿过法国粮食主题的展览厅，然后通过楼梯到达楼上的露台餐厅，享用展馆的新鲜农作物(图 2-17)。

图 2-17　米兰世博会法国馆

2010 年上海世博会的英国馆大家还记忆犹新，而 2015 年米兰世博会的英国馆，同样是有强烈“密集感”的一个建筑，整座场馆主要分为露天花园和圆形“蜂巢”的巨大圆形图球装置，其中“蜂巢”球形结构是核心，整体由大量细钢格栅和 LED 灯组成，紧密相连的钢结构犹如蜂巢，呈矩形，高 3 m，中心是一个椭圆形的空间，游客会在内部感受蜂巢的模拟实景。而前方以大量植物、果树覆盖的花园也与蜜蜂的移动轨迹密切相关。英国馆这次的主题是“蜜蜂种群的危机与问题”(图 2-18)。

(二)国际型专业博览会

国际型专业博览会比世博会规模小一些，通常会有更专业的主题和具有特殊意义的国家盛事联系在一起。例如创办于 1961 年的意大利米兰国际家具展，被称为世界三大展览之一，每年一届。创办于 1966 年的杜塞尔多夫零售业展览会 (Euro Shop)，是全球规模和影响力最大的零售业、广告业和展装业综合博览会，每三年举办一次(图 2-19)。

图 2-18　米兰世博会英国馆

图 2-19　杜塞尔多夫零售业展览会

(三)商务展会

商务展会是以增加销售为最终目标的会展类型,商务展会可分为专业展会和公众展会,如名为"太阳能产业及光伏工程"的展览会,针对的就是特定行业的专业展会,只会对专业人士开放;而如上海国际车展,就是针对所有消费人群的公众展会了。

虽然现在各展商不一定在现场直接售卖自己的产品,但他们都在竭尽所能地通过展示来提升品牌形象,建立良好的品牌意识,扩大品牌影响。展会反映了所在行业的最新趋势,具有很强的前瞻性。另外,任何形式的展览会,都是一次互动的宝贵机遇,所有的展商都期待利用 21 世纪高度发达的市场体系来吸引更多的新顾客(图 2-20)。

图 2-20　科隆国际办公家具及管理设施展 brunner 公司展厅

1. 强化品牌

一个展位一般是一个品牌的单个或多个产品在三维空间里的展示。在众多的展台中，如何让展台能够被快速识别，就需要设计者利用品牌标识、品牌标准色等固有的信息，来对展位空间进行设计。标识是企业的品牌视觉符号，它能够瞬间唤起人们关于该品牌的记忆。在设计时，首先考虑利用标识的造型特点、标识标准色等视觉元素来延伸出展位设计的空间布置。设计者在任何时候都不应该改动标识，品牌标识是品牌化市场营销策略的一个重要组成部分，也是一个最直接、最大型的信标，吸引参观者走近展台。

三星在楼宇的天台做了一次题为“发现世界的可能性”展示设计。三星的标志色为蓝色，此次的三星旅行体验使用标志色强化三星的形象，使用四个圆形穹顶创建独立的房间，通过走廊相连。它以线性的路线方式，使参观者沉浸在蓝色环境和无边的想象中。圆顶由蓝色聚氯乙烯制作而成，将观众看到的世界变成了三星的标志性蓝色，每个圆顶内的模块都利用视觉、声音、气味的组合为参观者创建一个意想不到的环境和难忘的体验。模块的布局灵活，组装拆卸也很容易(图 2-21)。

图 2-21　三星题为“发现世界的可能性”展示设计

2.有效传递信息

展商的产品信息，需要通过网站、视频、互动性展示、传单以及赠品等形式来传递，在展会这样一个热闹纷杂的环境中，决定了参观者在每个展位停留时间的短暂性，同时也意味着参观者不能接受大量文本的阅读，他只有几秒钟的时间来接收重要的信息。这就要求设计时必须考虑这种瞬时性，简化信息内容，多采用互动性的、多媒体的、直观的信息形式来有效传达。

二、教育与文化展示

博物馆是城市的眼睛，它往往反映了一个城市乃至一个国家的文明程度。而现在的博物馆，已经不再仅仅是一个储藏文物的地方，越来越多优秀博物馆的设计，是以观众为核心，融入数码手段、声光电一体的方法，更多运用交互的方式，让观众获得更好的体验感。这样的博物馆是更具吸引力的、更具活力的、能够被参观者所喜爱的。

现代博物馆在教育和研究领域扮演着非常重要的角色，随着科技的不断发展，现在的博物馆逐渐在摆脱被动、刻板、教科书式的印象，转而以观众为核心，在设计中加入很多对话式的、故事性的元素，大大提高了博物馆的活泼性和互动性。我们可以看到布满文本的标签和镶板变少了，各式各样的多媒体技术被用来传达信息和制造具有互动性的参观经历。

(一)从被动参观到主动参与

以往的博物馆从展示展品角度出发,忽略了观众的感受和需求,从而使参观过程显得枯燥、乏味。现在博物馆承担起公众文化教育的重任,开始考虑从观众角度出发,适当加入轻松、活泼、带有互动的环节设置,让观众从被动的参观变为主动参与。著名华裔设计师贝聿铭先生设计的美秀美术馆,不仅仅做美术馆的建筑设计,而是将整个参观流程都纳入设计范畴。

贝聿铭先生设计的美秀美术馆建在一座山头上,建筑的80%于山体之中,使美术馆与自然很好地融合。观众参观的路线正合了《桃花源记》当中所描述的意境:“缘溪行,忘路之远近。忽逢桃花林,夹岸数百步,中无杂树,芳草鲜美,落英缤纷。渔人甚异之。复前行,欲穷其林。”在到达接待处时,行人要穿过一片樱花林,再接着进入一条拱形隧道,隧道的设计呈“S”形,让人看不到尽端,也是曲径通幽之意。走出隧道,就看到一片开阔的广场,美秀美术馆就在绿树的映衬下在那里等待游客。这样的路线设计给参观者带来一种“豁然开朗”的体验感,而且设计理念不仅仅贯彻于建筑本身或参观流程,在下雨天,工作人员甚至会请游客收起自己带来的伞,使用馆方提供的统一颜色的伞,给大家一个最纯正的意境之美。这是对场地环境的尊重,对大自然的尊重(图2-22)。

图2-22 美秀美术馆

(二)由静态陈列向动态展示的转变

现在的博物馆更多倾向于使用各种声、光、电等科技手段来使展馆变得丰富、生动起来。博物馆由以往静态的、被动的形式,转变为动态的、观众可以主动探索、参与互动的展示形式,观众在这个过程中不仅可以学到知识,还可以获得参与其中的乐趣。

上海自然博物馆新馆与老馆相比,做出了很多亲民的改变。馆方将栏杆尽可能降低,隔离玻璃尽可能减少,参观者几乎可以“零距离”观赏标本,展品就在身边流连,触手可及。

一楼的生命长河区将众多动物全部汇集在一个空间里,并且保持了动物的原比例呈现,许多巨大的鲸鱼和恐龙被悬挂在天花顶上,模拟出在水中悠游前行的姿态,寓意生命的长河,灵动的展示形式、恢宏的气势,这种视觉震撼力让每位观众都为之折服。

场馆内设置的互动项目也非常丰富,天文地理、人文历史、爬虫鸟兽无所不有,馆方通过多种多媒体演示和互动的项目,使深奥的知识更容易被孩子所接受。孩子在这里可以学到很多,成年人也不会觉得无趣。例如其中“小小博物家”这个互动项目,是类似课堂的形式开展的,每次要一个小时,看似时间太久,不是小孩子能够承受的,但其实参与的小孩可以利用博物馆笔记、配套工具,仔细观察包内提供的自然物,动手操作,完成自主探究的学习过程。动手操作的乐趣使习得的知识也更加印象深刻。

再如底层场馆顶部,把数枚松果悬吊形成若干环形,如同大型的吊灯,达到了震撼的视觉效果。在禽类展示区,天鹅等鸟类如同定格动画一样,展示出了飞翔的动态。在一处名为“森林音乐家”的互动装置处,每个中空的木质圆柱都有一个适合儿童高度的“树洞”,洞内隐藏的音响会播放不同的虫鸣声音,为孩子们感受虫鸣提供了更生动自然的形式(图 2-23)。

2010 年上海世博会中国馆中的《清明上河图》,这个展品之所以让人印象深刻,叹为观止,就是因为它把静态的画面形式转变成了巨幅的动态场景,图中有近 1700 个古代人物形象,都被制作成了动态的场景,有的担货、有的钓鱼、有的叫卖,形态各异、栩栩如生,观众仿佛置身其中,切身感受到古人的生活环境(图 2-24)。

图 2-23　自然博物馆

图 2-24　《清明上河图》长卷

(三)互动机制的介入

上海科技馆“人与健康”展厅,设置了骑自行车的互动项目。观众通过面前的显示屏,可以看到自己走在不同的路面上、体验不同的骑车环境,这个娱乐互动项目受到了广大青少年的喜爱。

2010 年中国台湾花博会梦想馆运用台湾本土地区尖端科技,设置多处数字互动项目,与观众互动,展示科技与人文结合交融的可能性(图 2-25～图 2-28)。

设计者在大厅中央展现宽度达到 6 米的巨型动力机械花朵的绽放,周边布满了 34000 片的纸叶片串接成森林隧道,这些薄如纸片的软性扬声器则模拟大自然“风吹花叶动的声音”。结合五彩绚丽灯光,效果非常奇幻,使参观者仿佛置身于大自然之中。

每一位进入“梦想馆”的观众,都会收到一个类似手表的智能手环。通过运用“超高图频无线射频辨识”技术,手环可以记录观众在馆内的参观时间、选择的梦想等信息。当观众从事业、健康、感情等梦想中选取一个时,一朵“梦想之花”就会被植入到手环中。随着一路参观,在不同的系统读取点,“梦想之花”会吸收能量不断成长。最后,系统会将观众的“梦想之花”取出栽种到大屏幕上的“城市花园”中。与此同时,系统会自动将观众的“梦想之花”打印在一张卡片上,并配有一段“解梦”和“励志”的话语。

观众进入一个“变身区域”时,墙上的影子会逐渐变成昆虫的样子。接着进入“花蕊区”时,轻触花蕊就会采集到满手的花粉。最后,观众到达一个由智能液晶玻璃组成的“生命之花”前,将沾满花粉的手放上去时,就完成了授粉过程,玻璃会自动发光。当放上去的手越多,时间越长,灯光就会越亮。在整个过程中,不仅能感受到昆虫和花朵之间的“互利”过程,也能感受到大家齐心协力、一起让智能玻璃亮起来的“互利”过程。

图 2-25　RFID 智慧手环

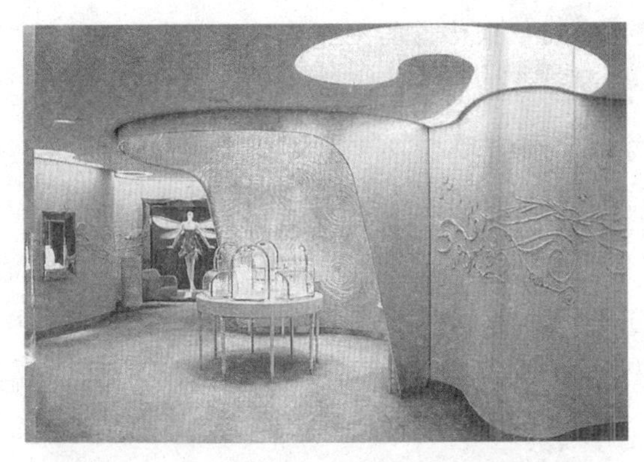

图 2-26　中国台湾花博会梦想馆巨型机械花朵

图 2-27　悬吊于大厅的叶型可折式超薄软性扬声器

图 2-28　中国台湾花博会梦想馆完成授粉

三、娱乐类型的展示——游乐园、主题公园、影视舞台

无论是游乐园、主题公园，抑或是影视舞台，主题环境的营造是成功的关键。主题公园是为了满足旅游者多样化休闲娱乐需求和选择而建造的一种具有创意性活动的旅游场所。它依据某个主题创意，主要以文化复制、文化移植、文化陈列以及高新技术等手段，以虚拟环境塑造与园林环境为载体来迎合消费者的好奇心，以主题情节贯穿整个游乐项目的休闲娱乐活动空间。

主题公园设计必须依靠优秀的创意来推动，因此，主题公园的主题选择就显得尤为重要。世界上成功的主题公园都是极具个性、形象鲜明且各有特色的。这些主题公园的空间环境打造得如同梦幻世界，给观众留下难忘的记忆。

澳大利亚疏芬山有一座露天博物馆，它是建在19世纪50年代澳洲淘金潮期间的一座真实金矿原址上的，景区重现了当年镇上的民居、商店、剧院在内的各种景点，并且设计了淘金和乘坐马车的体验。站在小镇上，马车尘土飞扬，路人皆是19世纪50年代的打扮，整个历史故事栩栩如生地呈现在了游客面前（图2-29）。

图2-29　澳大利亚疏芬山淘金小镇

通过戏剧效果的安排对主题环境进行营造，最经典的就是迪士尼主题乐园和环球影城主题乐园。在这里，电影里的角色、场景都被“真实”再现，观众在这里可以尽情享受各种娱乐休闲项目，陶醉于充满想象力的奇妙场景中。

迪士尼乐园致力于打造的不是一个主题公园，而是一个游离在现实世界之外的梦幻王国，这也正是迪士尼最希望输出的品牌形象。乐园在建造过程中，不允许在乐园内看到任何与主题无关的建筑，将故事融入环境场景中，这些沉浸式的体验方式令游客印象深刻。

迪士尼早在20世纪50年代开放第一座主题乐园时就有一个不变的理念，乐园内的所有员工都要恪守自己“演职人员”的角色，直到今天这样的理念都在依然执行。无论是乐园餐馆的服务生还是路边卖爆米花的售货员，他们为游客提供服务的同时也必须扮演好自己的角色，保证游客不会“出戏”。如果游客询问扮演巴斯光年的演员什么时候再出现，卖爆米花的小哥会微笑回答：“巴斯光年回家了，一会儿就回来。”

所有角色的扮演者必须精准模仿角色在影片中的动作，运气好的游客会在梦幻城堡北侧的小路上碰到“白雪公主”或“灰姑娘”，在盛夏的骄阳下，她们举手投足缓慢优雅，拍照姿态和影片中一致无二。她们会微笑告诉你："我就是白雪公主，我刚刚从前面的城堡出来散步，一会儿我就要回去吃晚饭。"这样的回答随处可见，米奇的回答永远是"我跑到这儿只是想吃点儿奶酪"。这是一个永不落幕的舞台，所有工作人员都要在这个舞台上扮演角色。很有趣的是，按照迪士尼的规定，乐园内绝不允许同时出现两个相同的"迪士尼朋友"，因为这容易让小朋友感到困惑。

四、实体商业展示

随着商业竞争的不断发展，"互联网＋"时代的来临，商业展示的新观念、新做法层出不穷、更迭变化。琳琅满目的商场、专卖店等促成了人与商品间的对话、满足人们消费的需求、体验购物带来的乐趣。人们来到商店，并不是只为了买东西，而是在这个空间环境里，满足自身精神需求，得到心理、视觉上的满足。

随着网络信息时代的到来，零售业可以分为实体店与网店两类。实体店常见的类型有百货商场、购物中心、超市、专卖店、概念店、快闪店等。网店在网络中完成购物，也在发展中不断探索新的网络购物形式，更新着人们购物的体验方式。例如淘宝 BUY＋、微信、京东到家等新型商业模式，层出不穷。

（一）百货商场、购物中心

百货商场、购物中心的特点是功能齐全，集购物、餐饮、娱乐、休闲于一体。电商云集的今天，传统的实体店铺面临租金上涨，消费者流失的境遇，开始寻求多元化整合的改革之道。

1. 多元化整合

最具体验性和能够提升商场品质的有三个业态：餐饮、商场影院、艺术展览。三者之间产生互动，它们的存在使消费者拉长在实体空间里的消费体验时间。商场开始以较低的租金吸引餐饮、影院、文化产业，以此吸引客流。这样丰富了商场的功能，顾客购物结束会去吃饭，吃完饭再去看电影，消费行为在商场内部形成了一个循环。很多商场内配备了演艺舞台、顾客休息区域、儿童玩乐设施、艺术展示，每周还会举办各种现场活动提升客户体验。有的商场还引入摄影展、画展，甚至有的有意思的培训和公开课也从学校走入了商场，如上海 K11 艺术购物中心，融合艺术、人文、自然三大元素体验（图 2-30）。2014 年 3 月，K11 成功举办了一次莫奈展并获得良好反响，淡化了艺术与日常、艺术与商业之间的界限。商业空间移植了美术馆和博物馆的一部分功能，使艺术品在有效距离接触性地被观看才能实现其最大价值，构成好的消费形态。

图 2-30　上海 K11 艺术购物中心

我们从这些变化可以看出，商场在从单纯的依赖餐厅和品牌商铺的同质化，过渡到引入多种形式的活动来提升品质感和内涵的多元化。埃森哲(Accenture)资讯公司 2016 年里发布了一项调查数据：未来计划更多通过实体店购物的消费者比例从一年前的 18%攀升至 26%；表示实体店“非常方便、方便购物”的客户达到 93%，远高于网络和移动设备；谈及零售商最需改进的购物渠道，四成中国消费者认为是网购。这无疑是给了实体商业莫大的安慰。

2. 文创主题化

近些年，以文化创意为主题的复合型书店正在世界掀起一场热潮，这种类型的商业空间，通常是有一个文化性的商业主体为基础，比如一个书店，按照传统模式只售书籍，经营起来是件不易的事情，但如果采取复合模式，将书店、咖啡、展览、服饰零售及美学生活等模式集于一身，不再单纯地只销售书籍，而是一个复合的消费空间，消费者可以在柔和的灯光下喝杯咖啡，用一点简餐，身边有许多特别的文创产品供其挑选。这样一个混杂空间不但能够让图书消费者有更充分的体验，同时，这个业态也能够真的实现盈利。商业业态与文化创意元素的跨界混搭，为消费者提供了更高层次的消费体验。这类产品一般注重品质、设计与情怀，是文化创意与商业的结合，它们强大的文化体验性是电商无法比拟的，受到年轻人的热捧(图 2-31、图 2-32)。

图 2-31 诚品书店

图 2-32 日本茑屋书店

自 20 世纪 90 年代末，我国台湾将文化创意产业列为重点计划以来，台湾文化创意产业的发展取得了显著的成绩，培育了诸多知名品牌，涵盖艺术表演、跨界美食、生活美学零售、主题咖啡馆、复合书店、文创产业园、特色民宿等多种门类。

仔细观察、分析这些优秀的文创商业项目，可以发现，他们都是商业与文化创意元素的融合，为消费者提供了许多新奇、混搭、多元的体验服务。

(二)专卖店

专卖店定位明确，针对性强，是品牌形象的体现。专卖店注重从产品购买一直到售后服务的全程购买体验感，注重品牌名声，从业人员也经过专业的培训，并能够提供专业化的服务。这些都使得消费者越来越青睐品牌专卖店，认可其稳固的品牌形象、产品及服务。

专卖店的设计注重品牌形象的塑造,并将品牌形象延展体现在店铺装修的整体形象上。一个专卖店的设计包含店面风格、门头设计、橱窗设计、店内陈列布置、服装模特陈列、店内展示柜设计、灯光设计等的组合设计。合理科学地设计店铺环境,不仅有利于提高营业效率和营业设施的使用率,还有利于为顾客提供舒适的购物环境,满足顾客精神层面的需求,从而达到稳固和提升品牌形象的目的。

一般来讲,专卖店常用品牌标志色作为店面的主要色调,这是品牌色彩形象延续的一种基本做法。除此以外,专卖店还会有一些特定的具有代表性形象重复出现,这也是对品牌形象的不断强化。

专卖店对于品牌形象的营造,可以来看 PUMA 在伦敦、阿姆斯特丹、慕尼黑三地的店铺案例。

PUMA 伦敦店的设计体现了该品牌创新、简约的风格。此次设计在遵循统一的品牌形象的同时,做出了大胆的创新。建筑外墙将红色的传统伦敦电话亭以涂鸦的形式喷绘在墙面上,并将这个电话亭以实物形式设置在店铺内部。伦敦地铁标志是伦敦这座城市的象征,设计师将 PUMA 与地铁标志结合,并配以白色真实比例的美洲狮雕塑。大型标识、醒目的红色品牌形象墙和木质吊顶、简洁明确的设计元素突出了品牌和空间重点(图 2-33)。

图 2-33 PUMA 伦敦店

PUMA 阿姆斯特丹店的设计亮点是,在各楼层设有独立的鞋类展示区,其中一组由当地艺术家团体“The Invisible Party”创建,用老式汽车后视镜作为装饰的鞋类展示墙有趣地反映出地区特色,而灵感来自很有意思的荷兰传统——将汽车后视镜安装在房子的门窗上,屋主就能看到是谁按动门铃。二楼有一片用旧自行车架焊接而成的装置作为照明系统,设计理念源于荷兰被誉为自行车王国(图 2-34)。

图 2-34　PUMA 阿姆斯特丹店

而在 PUMA 慕尼黑店,本地元素体现在一个似乎有些"唐突"的形象——一间典型的高山小屋,反映出简约和创新的店面设计概念,木屋材料来自巴伐利亚再生木材,同时木屋融入了 PUMA 元素,如红色门窗、带鹿角的美洲狮雕塑挂饰以及用 PUMA 美洲狮图案取代通常是圆形的门镜(图 2-35)。在更衣室内,真实比例的美洲狮雕塑在欢迎购物者,红色地垫上印着"servus"德语"你好"。

图 2-35　PUMA 慕尼黑店

三店的店面设计保持了品牌形象的一致性,同时也分别有自己的地域特色,全新的空间充满着惊喜,使国际化的品牌获得了亲近本土的形象,反映出 PUMA 与消费者互动的热情,并创造出一系列令人难忘、极具地方特色的零售环境和全新的购物体验。

(三)概念店

概念店是升级了的专卖店,当一个品牌做到一定规模后,卖家就开始考虑更好地塑造自身品牌形象,概念店就是在品牌形象的展示和品牌文化氛围的营造基础上,加入了更多的创意理念和生活引导方式。在概念店的设置上,减少了直接售卖和推销商品的展示形式,增加了提供顾客体验产品的机会。看似不以销售为目的的设计,其终极目的仍是营销,消费者在概念店里感受到的商品的同时,逐渐建立起了品牌忠诚度(图 2-36~图 2-38)。

苹果公司作为一个全球型的企业,其店面的设计也是至关重要的,每个苹果店从内部来看,看似大同小异,却又给人以不一样的感觉。据悉,苹果公司已经在 2013 年将自己的商店内部布局申请了专利。位于纽约第五大道、上海浦东苹果店都有极具代表性的玻璃幕墙入口,苹果公司还为这些玻璃设计方案申请了专利,这都是视觉形象维持统一性和品牌独特性上所做的规范。

图 2-36　苹果纽约第五大道店

图 2-37　苹果上海浦东店

图 2-38 苹果伊斯坦布尔店

(四)快闪店

快闪店(Pop-up Store)是一种临时性的店铺,不同于以往固定店铺的销售方式。快闪店往往设立于人流密集但又不是固定于同一地点,一段时间的销售后店铺拆除,再去寻找新的地方搭建新的商铺。这样的销售形式在海外零售业已经不是新鲜词汇,它已经被界定为创意营销模式结合零售店面的新业态。尤其是在欧美,无论快闪店开到哪里,都会有一群粉丝追随到哪里。这种类型的销售形式成本低、形式灵活、新鲜感强、短时效应好,这些优点正在被国内的各类商家重视起来。

2003 年,第一家快闪店由市场营销公司 Vacant 的创始人 Russ Miller 在纽约开设,出售 Dr. Martens 限量款。2004 年,日本设计师川久保玲开设的 Commedes Garcons 快闪店让其快速走红,创造了销售神话。

事实上,快闪店从本质上来讲,同商场里的临时专柜、临时促销是一样的,但是快闪店善于抓住流行热点,注重内外的包装,把店铺设计成非常具有个性、时尚感强的艺术形式,汇聚了众人的视线,吸引着那些善变、追赶潮流的消费者前来消费。

各大品牌会利用快闪店,发布售卖新品或者限量款。比如 CHANEL 京都限定店,地点选在以历史文化丰富、古老遗迹闻名的京都,挑选一间传统町屋,搭配醒目、跳脱的红色。在 CHANEL 自身设计风格基础上,融入了日本文化元素,产生了东西文化碰撞后特有的美感。

KENZO 则使用一个蓝色波点复古造型车作为快闪店的主体元素,在概念上玩出了新花样,把此车作为流动咖啡吧,开启了城市间的巡回模式,引得众多粉丝争相合照(图 2-39)。

图 2-39 KENZO 快闪咖啡车

在线翻译功能 Google Translate 推出十周年之际，Google（谷歌）在纽约曼哈顿开设了快闪餐厅（图 2-40）。每晚都会由一个明星主厨带来地道的本国美食，而且连菜单也会相应更换成当地的语言。顾客只要拿出手机，使用谷歌翻译 App 扫一扫食品包装、菜单就可以进行直接翻译点单。

图 2-40 谷歌餐厅快闪店

2015 年 6 月，超人气卡通形象 LINE FRIENDS 主题商店进驻 K11 购物中心，为迎接盛夏之季，店铺首次以“海滩生活”为装饰主题，从店铺装饰及陈列等方面在视觉上打造夏日沙滩度假风（图 2-41）。

图 2-41 LINE FRIENDS 快闪店

除快闪店和开咖啡车外，即时通信应用工具 LINE 的商业策略还有更多形式。2012 年 5 月，一个巨大的国际邮政包裹送到 2012 丽水世博会的场馆。这个超大的纸箱是一个互动的线下体验项目展示，用于展示 Naver 的智能手机通信应用程序(图 2-42)。

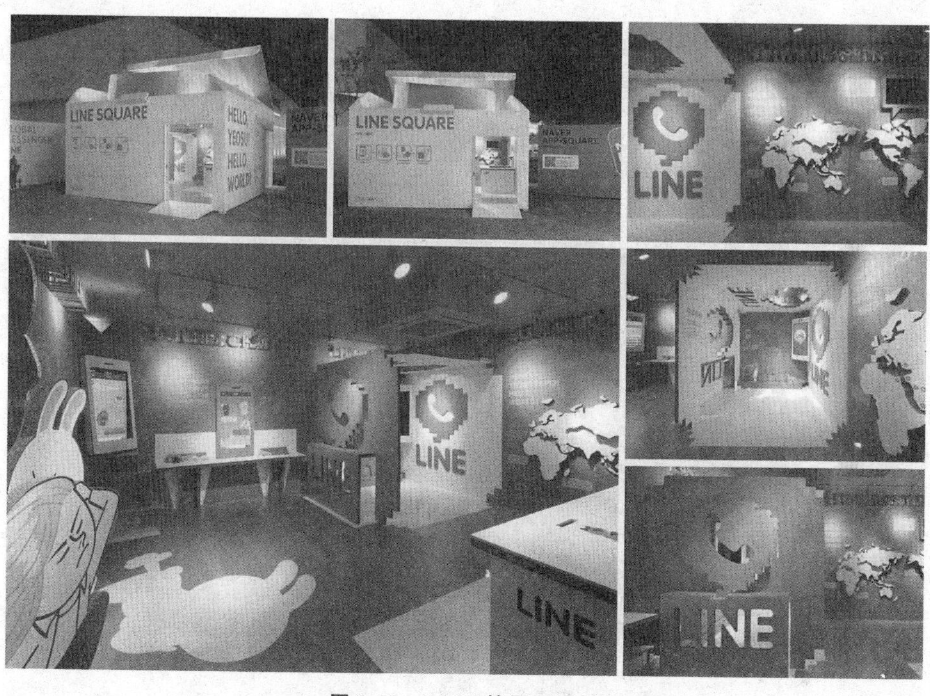

图 2-42　LINE 的展示设计

盒子的内部是使用很多弹出对话框，让观者在三维真实空间体验一个智能手机应用中的传统二维虚拟界面设计，这是个有趣的体验形式。每一个内部的细节，包括内部的展台和标牌，都在强调纸板材料的纸箱概念。游客可以走进这个巨大的盒子里体验 LINE 的全面展示。

五、网络虚拟展示

随着电商挤压实体店消费市场之时，实体店们纷纷开始走向 O2O(线上到线下)的转变，即从线下的实体转向与线上的结合。与此同时，电商们也开始意识到线上购物的缺陷，比如不直观、体验感差、购物流程比较复杂等各种问题，也纷纷开始做出迎合市场的改变，比如增加线下实体店作为配合补充，或者通过技术增加虚拟购物体验的真实感等。

(一)运用技术提升购物体验

VR 技术的迅猛发展，为网络购物打开了一扇新的大门，比如淘宝推出的

App——淘宝 BUY+，主要利用的就是 VR 技术，百分百地还原购物场景，大大提升消费者在网络购物上的体验(图 2-43)。他们使用 TMC 三维动作捕捉技术捕捉消费者动作，触发虚拟环境的反馈，最终实现消费者与虚拟世界的人和物之间的互动交互。

淘宝 BUY+利用 VR 技术，将购物过程从平面化的网页式变成了立体的、直观的、可以互动的购物模式，弥补了线上购物体验感不足的缺陷。虽然 VR 技术当前还在起步阶段，还存在很多的缺陷和待完善，但其广阔的前景还是很值得期待。

图 2-43　淘宝 BUY+

(二)社交购物

传统网购的店主与顾客之间绝大多数是不认识的，在购物时多是依靠网店的信誉度、商品照片来猜测商品的质量。而在社交购物的模式中，比如微信中的微商，就是基于社交网络平台进行的新型网络购物模式，朋友圈里的商家正是消费者真实生活中的亲人、朋友、同事，这大大增加了所售商品的可信度(图 2-44)。人们也倾向于通过熟悉的人进行购买。再如蘑菇街、美丽说，都是集社交与购物于一体的新型网购平台，消费者可以在平台上分享他人的商品和自己的购物经验，大家都可以互通有无，将自己的购物体验与他人分享，还可以一起讨论时尚潮流，在交流中消费者会获得最适当的购物选择，因此社交类购物网站在短时间内发展迅猛。社交类购物网站一是帮助消费者解答“买什么？在哪里买?”的问题，即具有导购的作用；二是用户之间或用户与企业之间有互动与分享，即具有社交化元素。

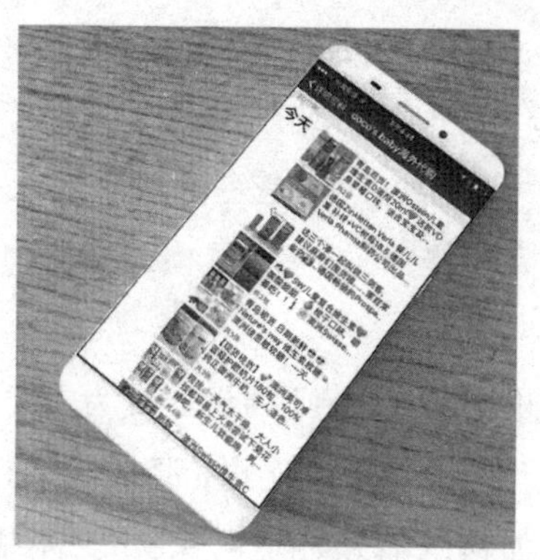

图 2-44　社交购物

(三)线下与线上结合

为了改善线上购物体验感不足的缺陷，现在各大电商都在增加线下实体的铺设，形式各有不同。

比如顺丰推出的“嘿客”，店内的海报、二维码墙放置虚拟商品，可以通过手机扫码、店内下单购买，其模式与英国最大的 O2O 电商 Argos 十分相似。不过与 Argos 不同，“嘿客”除试穿试用的样品外，店内不设库存(图 2-45)。

图 2-45　顺丰嘿客

电商们各种线下商业模式的尝试，都是在探索的过程，也许他们会经不住消费者的检验而被迅速淘汰，也许其能获得消费者的追捧而形成线上电商们新型而稳固的线下有益补充。

第四节　商业展示设计的可持续发展

著名生态建筑师威廉·麦克唐纳(William McDonough)在他所撰写的有

关生态建筑的书中讲述了一个“樱桃树”的故事:樱桃树从它周围的土壤中吸取养分,使得自己花果丰硕,但并不耗竭它周围的环境资源,而是相反,用它洒落在周围的花果滋养周围的事物。这不是一种单向地从生长到消亡的线型发展模式,而是一种“从摇篮到摇篮”的循环发展模式。这种“从摇篮到摇篮”的循环发展模式,就是“可持续发展”。

在人类漫长的设计史中,各个行业的设计皆为人类创造了现代的生活方式和环境。但同时,这些行业的发展加剧了资源、能源的消耗。正是在这种背景下,设计师要重新思考,如何既兼顾环境的保护,又不牺牲优秀的设计方案,这正是设计师的社会责任心和道德的回归。

可持续发展是一个全球性的话题,也是所有展会参与者、设计者的责任所在。盲目地大拆大建不仅对环境产生巨大影响,造成环境负担加重、二氧化碳排放量增加、温室效应加剧等问题,同时也会导致人力、物力的极大浪费。所以不论是大型、持久的博物馆、美术馆,还是小型、短期的展位设计、橱窗设计,都必须考虑环保问题。可喜的是,今天人们对可持续发展的理解,已经不仅仅停留在3R的标准之上,它已经成为一种社会使命感、责任感的体现而存在。甚至在某些展会中,展台能耗标准已经成为衡量是否具有展览资格的一项指标。

一、模块化的再利用

目前很多的展台设计,会采取定制模块组件的方式,使展台可以不断循环利用,从而延长了展台的使用周期,达到节省能耗的目的。比如在展会中,一般从材料进场到最后撤展在4～5天的时间,这样紧凑的时间内,想要完成高效、快捷、有序的展示工程,确实不是件容易的事。最基本的比如金属桁架、标准化展具,都采用了规范化、成型化的方式,大型的场地搭建,都可以通过单元的不同组合而成,大大提高了工作效率,缩短了施工时间,保障了最终的质量。

德国电信(Deutsche Telekom)的展位设计,使用桁架搭建基本框架,创造性地使用品红色宽幅布条缠绕桁架,既起到了空间围挡的作用,又达到创新性的视觉效果。布条的红、展台的白、桁架的黑,三色的搭配营造了简洁、醒目的空间环境,并且桁架和布条部分都是可以再次利用,成本会相应降低(图2-46)。

图 2-46 德国电信展位设计

二、绿色环保材料的应用

注重生态系统的保护，依靠可再生资源、材料的环保再利用等方法，正在被人们所提倡和接受。设计师不仅要作为引领“低碳生活”的倡导者，更要有助于建立良性循环的商业空间生态体系。

现代商业展示过程中带来的“光污染”“空气污染”已经引起了人们的重视，所以设计者们已经选择少使用木质一次性展具、化学黏合剂等材料。绿色环保不仅是一种义务，也是每个设计者的使命和责任。

墨西哥著名设计师胡安·卡洛斯·鲍姆加特纳(Juan Carlos Baumgartner)是绿色建筑设计的倡导者，他在空间设计中废弃物的再利用时做了这样一个案例，将 Volaris 航空公司废旧的飞机机舱用到办公室设计中去，既实现了废物的利用，又为空间增添了别致的、可激发人们创造力和想象力的元素。

印度设计师卡然·格鲁佛(Karan Grover)设计的拉博银行总部会议室，大量运用环保的、朴素的瓦楞纸板和日本纸作为建筑的墙面装饰材料，营造出独特的视觉感受。会议室墙面使用层层堆叠的瓦楞纸板，覆盖了整个墙体，无论色彩还是形式上都如同钱币的感觉，让人耳目一新。另一个厅是使用半透明的日本纸包裹，环绕天花板上的圆形天窗，营造出明亮、自然的感觉（图 2-47）。

图 2-47　拉博银行大厅

BIOBIZZ 公司是荷兰一家出售有机园艺产品的公司，为了使展台的设计符合公司特点，并彰显公司新形象，设计采用了纸板、木材、织物等天然、可回收的材料，将展台打造得简约清新、自然纯朴。由纸板打造而成的圆顶，形状来自 BIOBIZZ 公司的标志，悬挂于顶棚之上，即使在远处也可以一眼看到，极易辨识。圆顶之下的空间，既可以展示各类产品，又可供观众休息互动（图 2-48）。

图 2-48　BIOBIZZ 移动展台

三、新型传播形式的采纳

社会科技的飞速发展，使得信息的传播越来越多是通过数位媒介来实现。生动的画面、灵活的展示形式，大大提高了信息的传播有效率，与实体的展示形式配合使用，无形中节约了物料的使用，减少了浪费。比如前文提到的虚拟现实（VR）技术，已经可以做到将整个展示空间都虚拟化，完全不需要有任何实物，这门新兴技术必将改变人们生活的方方面面，也将颠覆展示设计的传统方式(图 2-49)。

图 2-49　虚拟现实展示

对于展示设计而言，虚拟现实技术仍然是一门较新的技术，它的缺陷在于实际投入运营中的成本高、造价高，需要大量的技术支持。但从虚拟现实技术的前景和发展来看，它将是未来展示设计发展的一个重要方向。

就空间环境的可持续设计而言，其核心就是“3R”原则，即在设计中遵循少量化原则(Reduce)、再利用原则(Reuse)、资源再生设计原则(Recycle)。可持续设计不是视觉风格上的改变，而是设计策略上的调整。通过设计，要能够确保人们归还环境的比从环境中索取的更多。这就要求设计师要从长远考虑，并且具备以上系统的生态设计观念。

第三章 商业空间展示设计的基本原理与要素

第一节 商业空间展示设计基本原理

商业空间展示,以其直观、形象、系统、通俗易懂、生动有趣的艺术形式,使观者在不知不觉中受到潜移默化的影响,接收到市场信息,获得社会科学、自然科学的知识。商业空间展示活动已经渗透到人类生活的各个领域,强有力地推动着社会发展。

商业空间展示设计是以科学技术与艺术为设计手段,并利用传统的或现代的媒体对商业空间展示环境进行系统的策划、创意、设计及实施的过程。随着人类社会的不断进步和人类文化的持续发展,商业展示设计在人类经济与文化中的地位愈来愈重要,它既是国际经济贸易相互交流合作的纽带,又是科学技术及文化宣传的窗口,它在当今社会领域和信息领域、商业领域中充当着其他行业或媒体不可替代的角色,世界各国为展示自己国家的科学、经济、文化的发展及成就更是不遗余力。它实际上就是一个大舞台,各国人们都竞相表演,展示国家发展的魅力,表现民族文化的精彩。

一、平面规划和功能分析

从广义的角度看,所有的建筑空间都是一种容器,它不仅容纳物和人,而且为人的活动提供了必需的空间。不同的物体需要不同的容器来盛放,不同的功能要求不同的空间尺度、形状和结构,反之,不同的空间结构和组织适应不同的功能需求。例如专卖店形式的商业空间,它所经营的商品就有很强的针对性。它的商业空间形式分为两种:一种是以商品类型组成的专卖店;另一种是以某种品牌商品为销售对象的专卖店。专卖商店的空间格局设置虽然表现得五花八门,但是一般都是先确定大致的平面规划。平面规划是根据空间使用功能而进行划分的,它是商品空间、店员空间和顾客空间这三个空间组合变化的结果,它就像一个万花筒,虽然变化无穷,但也不过是几片彩纸移动位置的结果。因此这三个空间与专卖商店的空间格局关系密切:商品空间、顾客的空间和营业员的空间各占多大比例,应在划分区域之后再进行更改,具体地陈列商品。

(一)商品空间之互动设计

商品空间是指商品陈列的场所,包括店面的橱窗设计以及有箱型、平台型、架型等多种商品陈列的形式。

1. 店面橱窗设计

商店橱窗不仅是门面总体设计的组成部分,而且是商店的第一展厅和"眼睛",常常以所经营销售的商品为主,巧用布景、道具,以背景装饰为衬托,配以合适的灯光、色彩和文字说明,如图 3-1 所示。

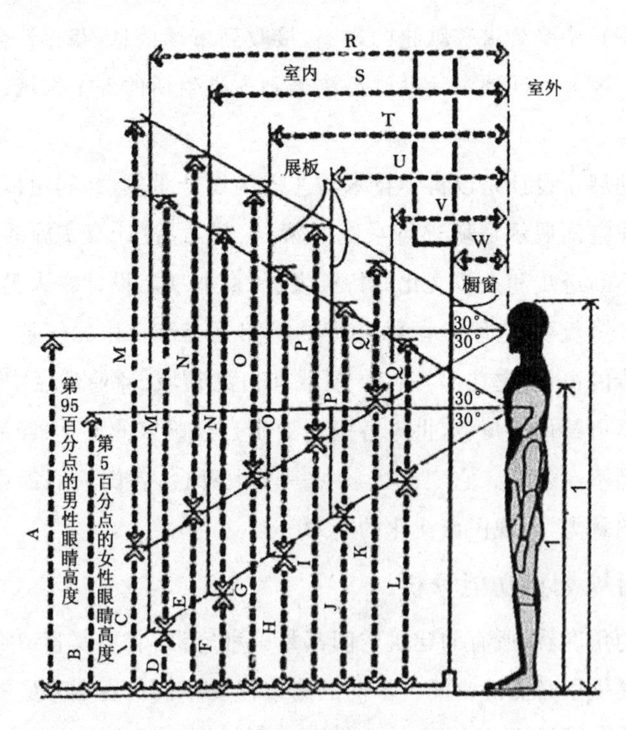

图 3-1　橱窗最佳展板范围

2. 展具设计

放在专卖店商业环境中的柜台货架、景观小品及换鞋座椅等,我们称之为商业环境的“道具”,“道具”不但有陈列和展示商品的功能,还有美化商业空间环境、增强商业主题的功能。货架等展示展具的陈列,需将商品平铺或倾斜排放在货架上,这样可以让顾客对货品一目了然,方便地比较质地、颜色、面料、手感和做工等。为了增加商业空间活力、增强环境的吸引力,各具形态的陈设小品也以展具的形式,开始活跃于商业环境中。

(二)顾客空间之人流分析

顾客空间是指顾客参观、选择和购买商品的地方,根据商品不同,可分为商店外、商店内和内外结合三种环境形态。商业店面作为城市环境的一道风景和商家的门脸,应醒目地显示商店的名称和销售商品的品牌,代表着商店的特色,起到强烈的视觉传达作用。店面的主要职能可以归纳为美化街道、吸引路人、信息交换;而店内的商品选购区、休息区、试衣室,则是商业空间设计的重点,其中对顾客的人流分析尤为重要,如图 3-2～图 3-5 所示。人流分析就是对人在空间中的行动路线进行分析,它包括功能性流线和形式表现流线。功能性流线必须符合建筑空间的功能性要求,形式表现流线则必须吻合人的审美心理要求。

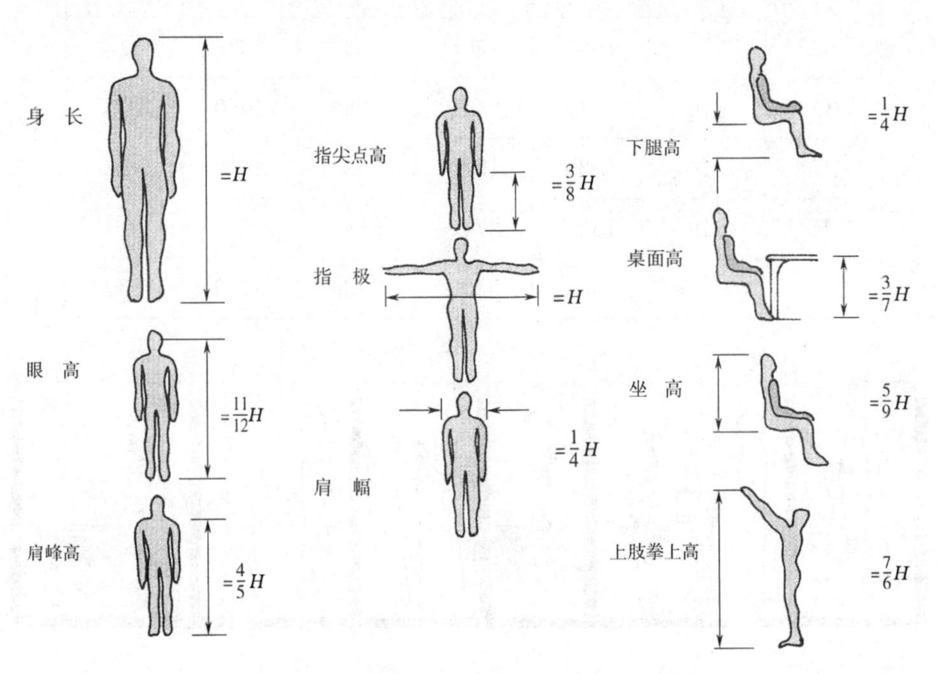

图 3-2　人的行为动态与静态尺寸空间比例示意图

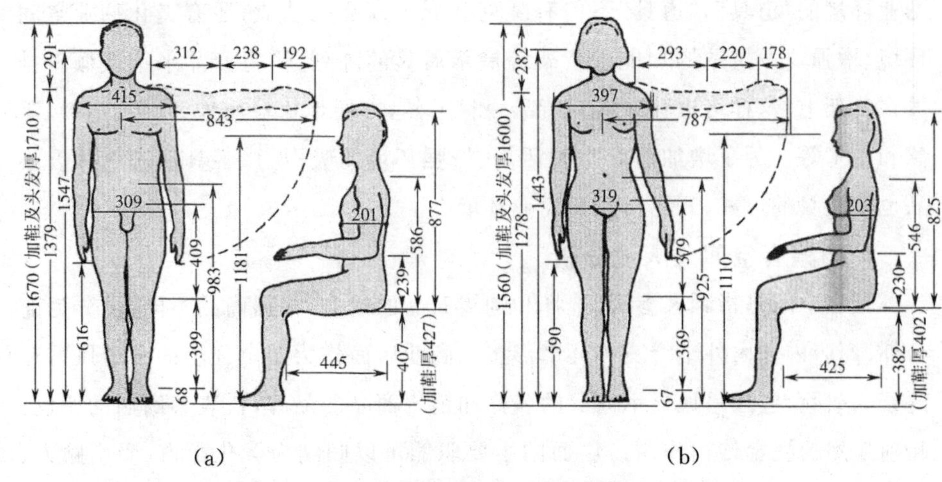

图 3-3 人体比例空间尺度示意图(单位:mm)

(a)成年男子各部平均尺寸 (b)成年女子各部平均尺寸

	1人	2人	3人	4人	5人	10人
A	480	1020	1450	2030	2410	4830
B	530	1070	1600	2130	2670	533
C	810	1630	2440	3250	4060	8130
D	510	1020	1520	2030	2540	5080
E	910	1830	2740	3660	4570	9140
F	1830	3660	5490	7320	9140	18300

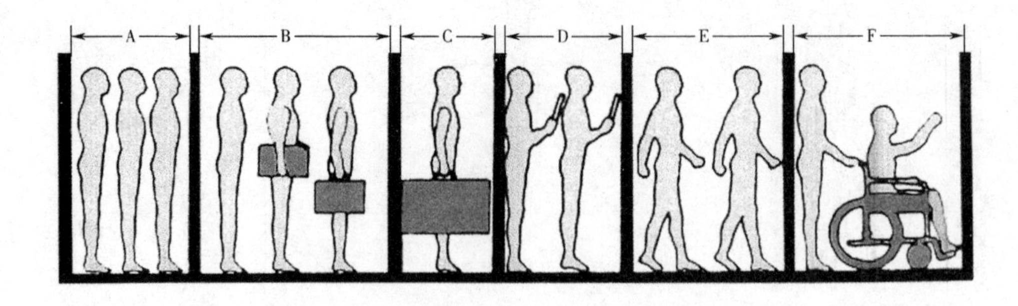

图 3-4 几种常用通道尺度及图示(单位:mm)

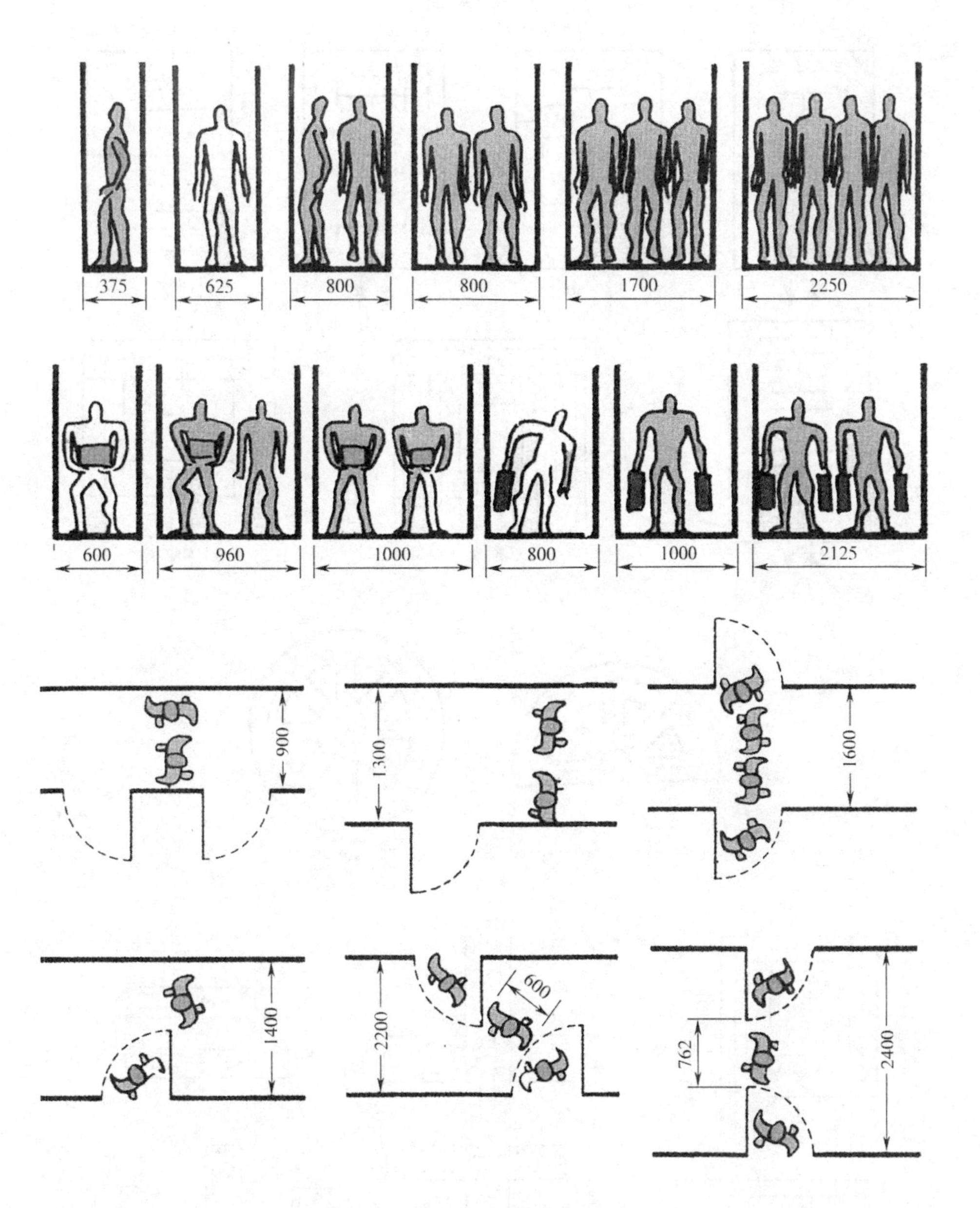

图 3-5　行之人体工学(单位:mm)

根据现在的商场卖场的布局来说,顾客通道设计得科学与否直接影响顾客的合理流动。一般来说,通道设计有以下几种形式,如图 3-6、图 3-7 所示。

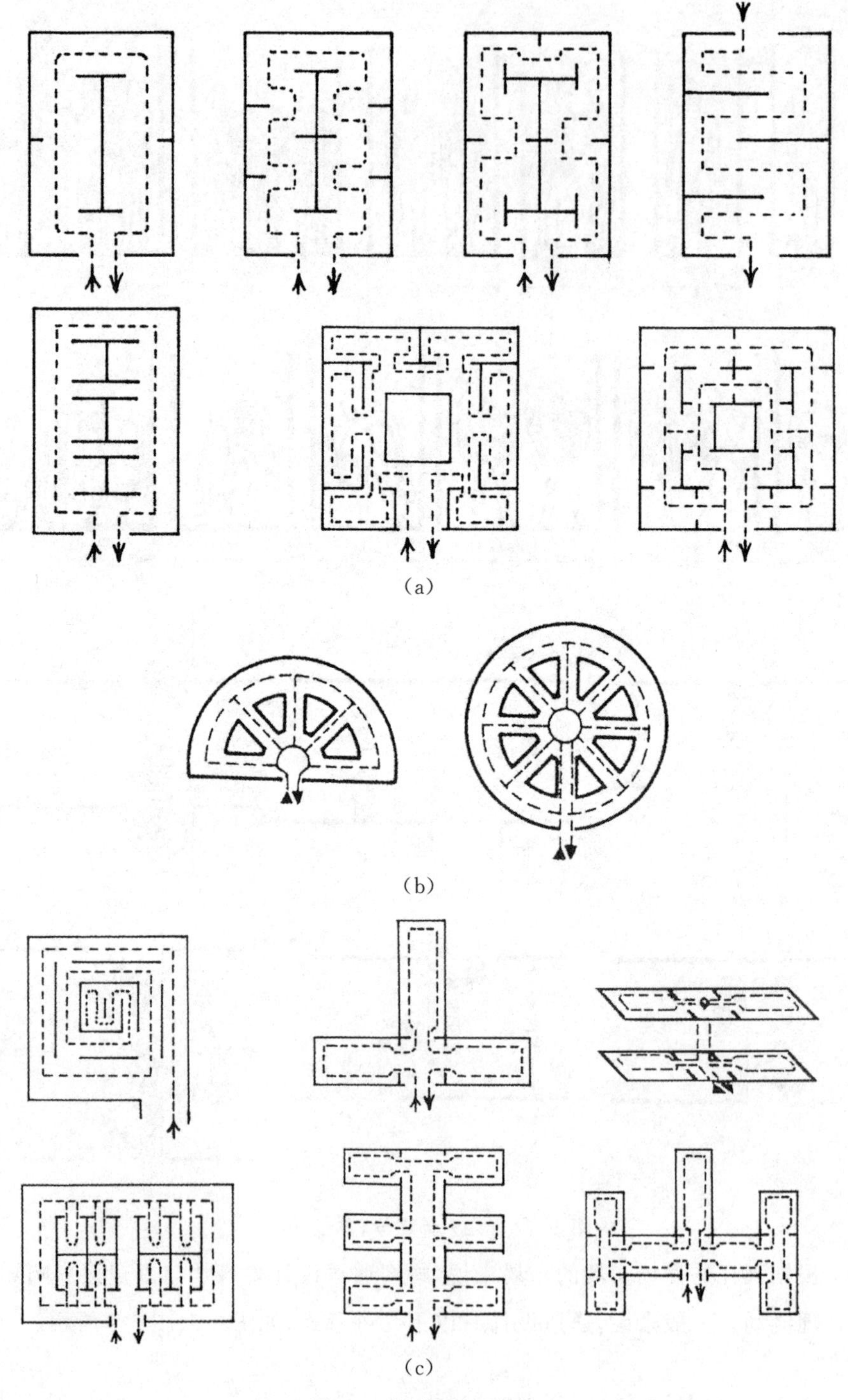

图 3-6　通道设计形式

(a)串联式　(b)放射式　(c)自由滚动综合式

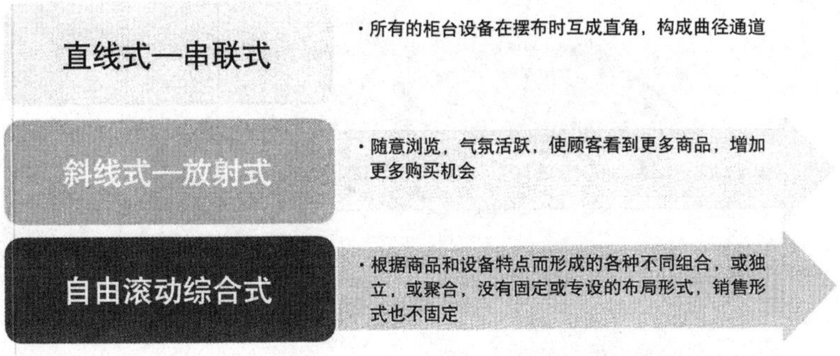

直线式—串联式

· 所有的柜台设备在摆布时互成直角，构成曲径通道

斜线式—放射式

· 随意浏览，气氛活跃，使顾客看到更多商品，增加更多购买机会

自由滚动综合式

· 根据商品和设备特点而形成的各种不同组合，或独立，或聚合，没有固定或专设的布局形式，销售形式也不固定

图 3-7　人流分析图示

(三)店员空间的基本尺度

店员空间是指店员接待顾客和从事相关工作所需要的场所。这种空间分为两种：一种是与顾客空间混淆，例如，店面空间内要有合理的人员疏散和交通通道出入口，应设有消防设施和通风口；店面中的货架也要有一定的规范尺度，一般来说，单面货架高 1800 mm、厚 500 mm，双面货架高 1800 mm、厚 900 mm，两个双面货架中间通道不小于 1200 mm，如图 3-8 所示。另一种是与顾客空间相分离的作业空间，如图 3-9 所示。专卖店空间中的收银台空间、仓库、交通通道、卫生间等商业环境中的配套设施必须符合人机工程的规范尺度，普通的柜台高 900～950 mm、厚 600 mm，收款台高 650 mm、厚 600 mm，工作人员工作通道宽度为 600 mm，在满足实用功能的同时，还可给人们一种美的享受。

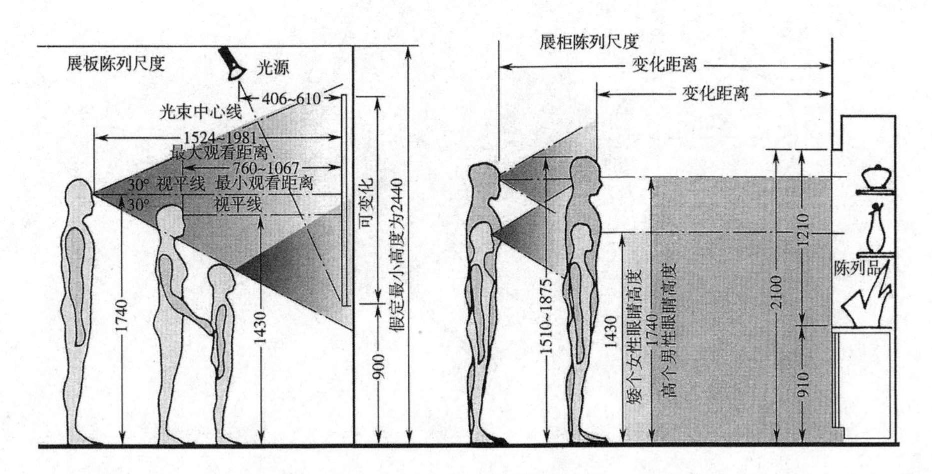

图 3-8　展板与展柜陈列尺度(单位：mm)

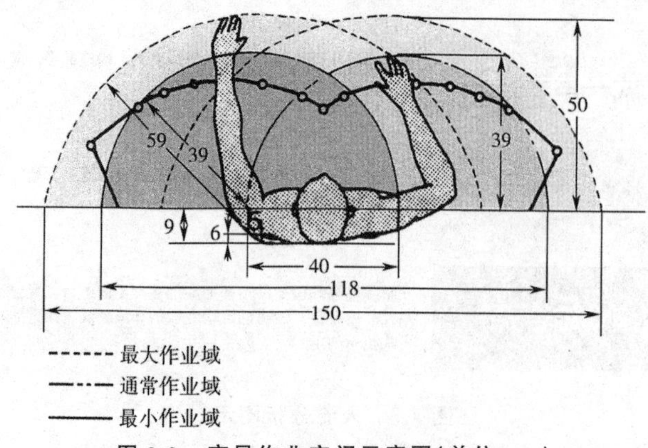

图 3-9　店员作业空间示意图(单位:cm)

进行商业空间设计中的视线分析也是很有必要的,因为视线是确定观看者与环境之间的方向性、位置感与距离感的重要依据,即常说的视轴线或视域走廊,其是用来组织空间景观的一种重要因素,涉及视点分析、视域分析、视距分析等,如图 3-10 所示。现代的商业空间格局打破了传统模式上那种死板的格局形式,朝着开敞式、多元式的空间发展。

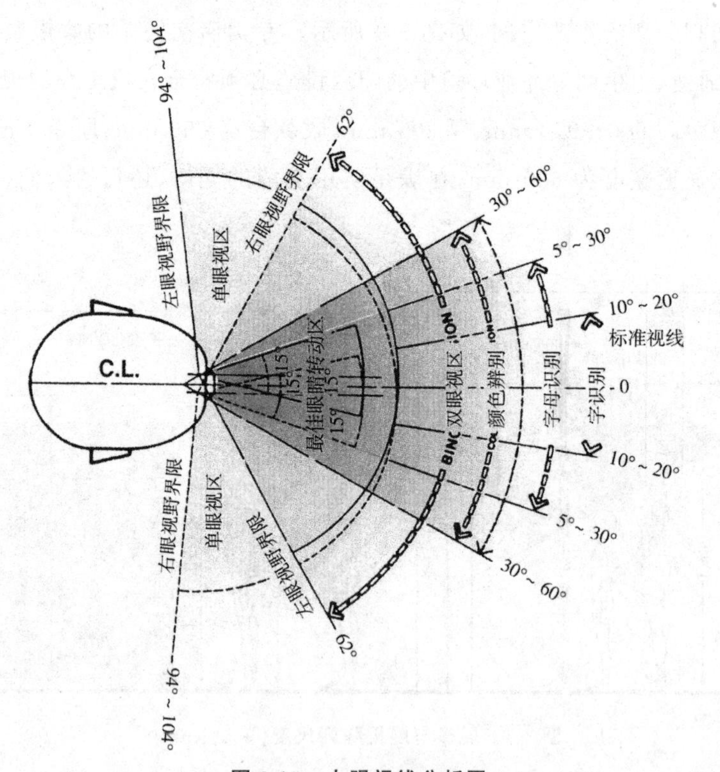

图 3-10　人眼视线分析图

二、商业空间展示设计原则

（一）真实性

商业展示设计要想最大限度地吸引、招徕顾客，就必须充分发挥设计者的创造才能和丰富的想象力，创造出标新立异的审美形象。与此同时，商业展示设计又必须注重审美创造的真实性，即所传达的信息必须准确，不能夸大其词、虚张声势，这也是现代商业展示设计较为关键的问题。否则，不仅违背职业道德，还会造成消费者心理上的不信任感和憎恶感。美国工商界在其广告信条八则中有五条是有关真实性问题的：讲求事实、不做引诱误导、价格确实、不得夸张和诚实推荐，由此可见一斑。同时，强调商业展示设计的真实性，并不意味着否定表现手法的丰富性。相反，为了激发人们的情感、调动购买欲望，必须重视表现手法的独特性、丰富性和新奇感。

（二）时代感

时代感原则也可称为观念性标准。时代的观念浸润着商业展示艺术设计的每一个细胞。商业展示空间设计应体现如下几种观点：新的综合观念、人本观念、时空观念、生态观念、系统观念、信息观念、高科技观念等。具体地讲，应注意下述五个方面：

(1)空间环境的开放性、通透流动性、可塑性和有机性给人以自由，给人以亲切，让人可感、可知，可以自由进出、参观和交流。

(2)实现展品信息的经典性原则，严格落实少而精的要求。

(3)实现固有色的“交互混响”的统合色彩效果，重视对无色彩系列的运用。

(4)尽量采用新产品、新材料、新构造、新技术和新工艺，积极运用现代光电传输技术、现代屏幕映像技术、现代人工智能技术等高科技的成果。

(5)重视对软体材料的自由曲线、自由曲面的运用，追求展示环境的有机化效果。

（三）环境观念

环境观念包含着两层意思：一是任何一个美的客观存在都是在特定环境中实现的，好的设计必然是在充分研究“街坊四邻”即四周环境后的产物，必须与环境在形式上达到“相得益彰”；二是任何一个好的设计都不会造成环境污染，都得符合“可持续发展”基本国策的要求。

（四）审美效应

任何艺术活动的最终目的都在于创造。创造是新世纪的主要特征。展示设计的创造性主要表现在创意的新颖和艺术形象的独创性。

总之,好的展示设计应当是坚持了内容与形式的统一、整体与局部的统一、科学与艺术的统一、继承与创新的统一的设计。若非要用一个特定角度去评价展示设计好坏优劣的话,这个角度就是审美的角度。

三、商品的陈列方法

(一)中心陈列

中心陈列法是以整个展示空间的中心为重点的陈列方法。把一些重要的、大型的商品放在展示中心的位置上突出展示,其他次要的小件商品在其周围辅助展示,如图 3-11 所示。

图 3-11　Camper 东京店

中心陈列法的特点是主体突出、简洁明快。一般在店铺入口处、中部或者底部不设置中央陈列架,而配置特殊陈列用的展台。它可以使顾客从四个方向观看到陈列的商品。

专卖店设计定位独特,可为设计和消费群之间建立起有效的桥梁,将不同形式的艺术元素注入沉闷的商品中,给大家带来不一样的世界。

(二)单元陈列

单元陈列是指同样的商品、装饰、POP 等陈列主体或标识、广告等,在一定范围内或不同的陈列面上重复出现,通过反复强调和暗示性的手段,加强顾客对服饰商品或品牌的视觉感受,如图 3 12 所示。单元陈列法的特点是使顾客受到反复的视觉冲击,从而在感觉和印象上得到多次的强化,并有“该产品是唯一选择”的暗示作用，可使顾客留下十分深刻的印象。

图 3-12　模型专卖店之单元式陈列

（三）特写式陈列

特写式陈列是指通过突出产品的功能、特点，或利用广告、道具和移动造景手段，强调产品的目标顾客，使展示和宣传具有明确的目标，并且可以加强与顾客的沟通，有助于提高产品的吸引力，激发顾客的购买欲望。特写式陈列法的特点是目标明确、主题突出、标志性强、影响力集中，使顾客具有归属感和亲切感，如图 3-13 所示。

图 3-13　首饰专卖店的特写式陈列

（四）开敞式陈列

开敞式陈列是把商品放在顾客能够接触得到的地方，让顾客能够参与其中，可以直接触摸到商品。开敞式陈列法的特点是真实性强、时效性高。这是一种现代的无柜台售货形式，把陈列与销售合二为一。商品全部悬挂或摆放在货架和柜台上，顾客不需反复询问，便可自由挑选。这种方式既方便顾客，使其感到自然和随意，又容易激发顾客的购买情趣，如图 3-14 所示。

图 3-14　美容美甲专卖店的开敞式陈列

(五)综合陈列

综合陈列是把一些在功能和使用方法上相同的商品放在一起进行展示。综合陈列法的特点是品种齐全、选择的空间大,如图 3-15 所示。

图 3-15　综合陈列商业展示空间

综合性质的陈列可用商品、饰物、背景和灯光等,共同构成不同季节、不同生活空间、不同自然环境及不同艺术情调等场景,给人一种生活气息浓重的感受。注意现实感的体现和情调、气氛的营造,并且要强调艺术性和创新性,使人既得到启发和审美的享受,又有身临其境之感。同时,空间应能生动、形象地说明服饰商品的用途、特点,从而对顾客购物起指导作用。不同的产品可根据不同的消费需求,按照一定的分类方法,划分层次依次摆放,使顾客能迅速确定自己的购买目标，方便快捷地进行选择和购买。例如，产品可以分为：时尚产品、畅销产品；高档产品、中档产品和低档产品；系列产品、成套产品和单件产品；主要产品、配套产品和服饰配件等。这样可以吸引不同类型的顾客，方便顾客比较和选择，容易营造出热烈的气氛。

总之，五光十色、琳琅满目的商品陈列空间，若处理不当，极易造成专卖店空间的杂乱无章。因此，注重商业空间的合理布局，讲究空间中商品的陈列秩序，进行通透式的视觉组织，加强各功能流程的策划是营造一个整洁明亮店堂形象的关键。

第二节　商业空间展示设计要素

商业空间展示形式取决于界面形状及其构成方式。空间的尺度与比例是空间构成形式的重要因素。现代商业环境充分利用空间处理的各种手法，如空间的错位、错叠、穿插、交错、切削、旋转、裂变、退台、悬挑、扭曲、盘旋等，使空间形式构成得以充分发展。

空间是由界面来划分和限定的，如地面、顶面、立面等，当代有些非线性空间设计常常突破既有的墙、地、顶的概念，使得三者的界限逐渐模糊。设计者将这些商业空间展示设计要素进行计划性的分配，寻找出重点，如图 3-16 所示。

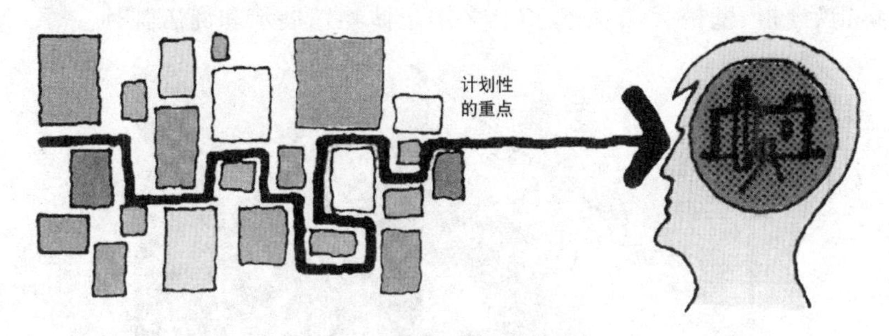

图 3-16　寻找计划性的重点

一、展具设计

展示道具（简称展具）设计原理是展示艺术重要的物化原理。设计者可通过对构成展示道具的基本形态元素进行分解练习，从功能和艺术两个方面把握道具设计的基本规律和艺术道具的创作手法，为展示艺术设计的深化奠定基础。

(一)展示道具的分类

1.承载道具

我们通常知道的是茶几上放着托盘,托盘里盛着水果,如图 3-17 所示。也有菜农将箩筐反扣在地,筐底朝上摆着卖品;小贩在地上铺块“蛇皮袋”再放上物品,不停地吆喝。这里的托盘、箩筐和“蛇皮袋”都是置放物品的“台”。

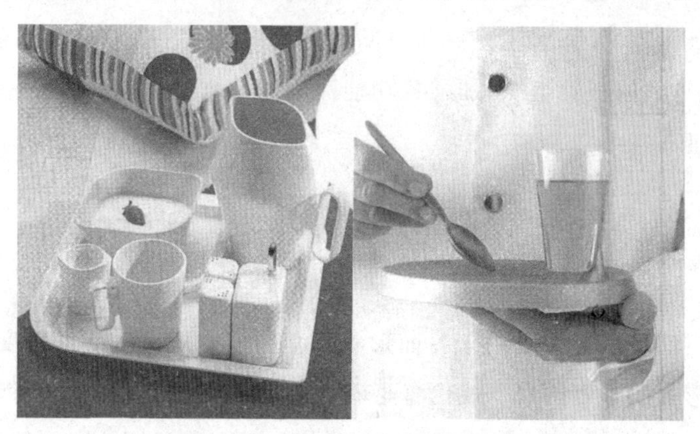

图 3-17 承载道具

2.贮藏道具

日常生活中贮藏用的箱子大多是封闭而看不见内部的,商业空间展示用的箱子和匣子必须是透明的,其目的很简单,不仅要将展品封闭、保护,而且要看得见。这些贮藏道具称之为展柜,如图 3-18、图 3-19 所示。展柜根据不同用途分为桌柜、立柜、壁柜等,贮藏性道具多用于博物馆展示和商店陈列。

图 3-18 施华洛世奇东京专卖店内贮藏道具设计

图 3-19　贮藏道具形式

3. 陈述道具

同其他展示道具不同，陈述道具是由展示物自身的形象来表达并进一步作解说，如图 3-20 所示。陈述道具通常采用模型的方式来表现实物不宜表示的信息，是实物展示的一种补充方式，是展示内容深度传达的途径之一。

图 3-20　陈述道具设计

4. 表现道具

表现道具既可直接构成展示空间，又可使展示空间呈现多种变化，例如，利用较特殊的展具围合与分割空间环境，摆放上醒目的道具。表现性道具也可理解为烘托性的艺术道具，它与其他功能性道具的区别在于它自身独特的艺术性表现。例如,采用比喻、夸张、象征、解构和拟人化的艺术手法来进行道具的设计和表现,如图 3-21 所示。

图 3-21　表现道具设计

(二)展示道具的流动

展具的流动一般是通过自动装置使展品呈现运动状态,常见的运动展具有以下两种。

1. 旋转台

旋转台的台座装有电动机,大的旋转台可以放置汽车,小的旋转台可放置饰品珠宝、手机、电脑等,其好处在于可以使观众全方位地观看展品,无论观众处于何种位置,观看机会都是均等的,这样可以提高展具的利用率,充分发挥其使用价值。

2. 旋转架

旋转架主要是在纵面上转动的,其好处在于可以充分利用高层空间。电动模型、人形、动物、机器和交通工具均可做成电动模型,使之按照展示的需要而运动,如穿越山洞的火车、跨越大桥的汽车、发射升空的火箭、林中吼叫的鸟兽等,以小见大,营造活跃的气氛,提高观者的观感和乐趣。机器人服务员通过转动、行走、说话、演奏音乐等与观众进行交流,或为观众做些简单的服务等程序的设定，使展示更为生动和富有趣味性。半景画和全景画可制造真实的空间感和事发状态，其做法是在实物后面绘制立体感强的画面或者利用高科技大屏幕投影等手段装上一个假远景，造成强烈的空间层次感，使原来平淡的东西变得真实起来，如再配上电动模型、灯光和音响就会产生舞台效果，使观众感觉身临其境。

二、照明设计

商业空间中专卖店店面灯光设计可以提升卖场的审美价值，并能起到改变空间感、赋予空间个性的作用。所以，灯光是卖场氛围营造的重要的工具之一。灯光的运用是一个系统工程，光的作用不仅仅是把某个空间照亮这么简单，更重要的是突出服饰本身的品牌风格以及结合专卖店商业空间本身的空间结构进行氛围制造。因此，需要了解色温与照度的关系。色温指的是光波在不同的能量下，人类眼睛所感受的颜色变化。色温的公制单位是 Kelvin，可用 K 来表示。例如，可见光领域的色温变化，由低色温至高色温是橙红—白—蓝。照度是反映光照强度的一种单位，其物理意义是照射到单位面积上的光通量，照度的单位是每平方米的流明(Lm)数，也叫勒克斯(Lux)。照度的公制单位可用 lx 或者 lux 来表示。在照明设计时，设计师应充分考虑不同种类电源之间互相替代的功率比例，进行综合技术估算，才能设计出合理的照明方案，如图 3-22 所示。

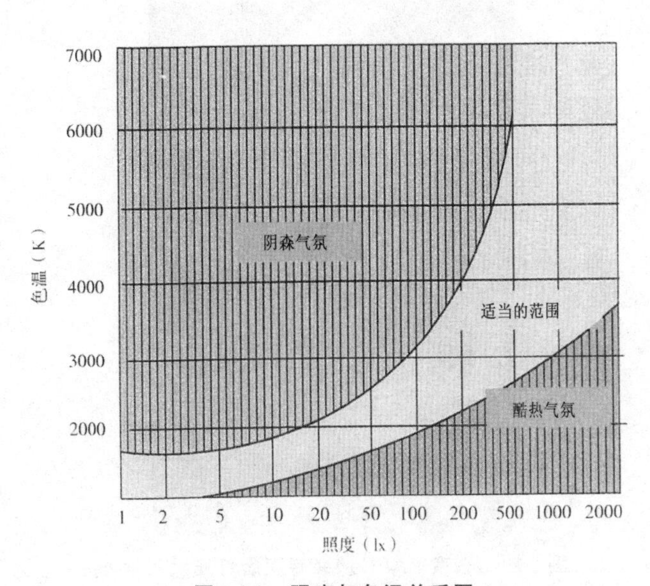

图 3-22　照度与色温关系图

(一)照明基础知识

1. 基础照明

基础照明主要是为了使整体店铺内的光线形成延展,同时使店内色调保持统一,从而保证店铺内的基本照明。其主要运用模式有嵌入式(如地灯、屋顶桶灯)照明和直接吸顶式照明两种,如图 3-23、图 3-24 所示。

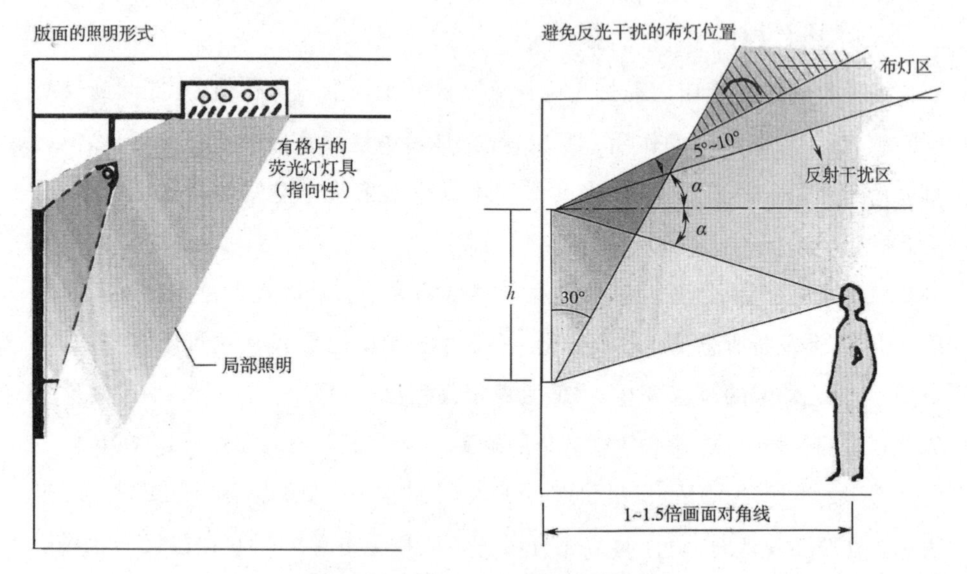

图 3-23 照明形式与照明位置设置

图 3-24 东京 BAPE 服装专卖店灯光照明设计

2. 重点照明

对于流行款及主打款产品而言,应用重点照明就显得十分重要。重点照明不仅可以使产品形成一种立体的感觉,同时光影的强烈对比也有利于突出产品的特色。当然,重点照明还可以运用于橱窗、LOGO、品牌代言人及店内模特的身上,以增强品牌独特的效果。至于灯光设备方面,常用的器材主要有射灯及壁灯,如图 3-25 所示。

图 3-25 上海世博会中国馆室内照明设计

3. 辅助照明

辅助照明的主要作用在于突出店内色彩层次,渲染五彩斑斓的气氛与视觉效果,辅助性地增强产品吸引力与感染力。辅助照明可用的照明设备较多,在此不再累赘。当然,除了人造光源外,随时间改变而流转的自然光、映射在商品表面的光的质量、从物体表面上发射的质量、光线本身的明显色调与彩色再现率也非常的重要。所以,只有在系统考虑到光所产生的各种效果后,对各种光源进行调节与应用,才能保证光线始终渲染店铺氛围、突出展示商品、增强陈列效果,如图 3-26 所示。

图 3-26　商业空间中照明的运用

(二)照明的应用

照明是塑造专卖店店面形象的主要工具。照明设计应充分考虑的目标是顾客。照明区域的灵活性可以游刃有余地塑造商店形象,照明区域的设置可以充分表现主要产品,从而引导顾客的注意力。有选择性地照明可以逐步满足顾客的品位和要求,设计师首先应完善商业店面空间的形象,然后结合内部装修调整出最适合的店面空间照明方案。我们以下列三种服装专卖店和饰品店为例:

1. 高级品牌专卖店的照明设计

高级品牌专卖店的基本照度相对较低,为(300 lux),呈现暖色调(2500~3000 K),具备很好的显色性。使用许多装饰性射灯营造戏剧性效果(AF15-30:1),可吸引消费者对最新流行时尚的注意,并配合专卖店的氛围,如图 3-27、图 3-28 所示。

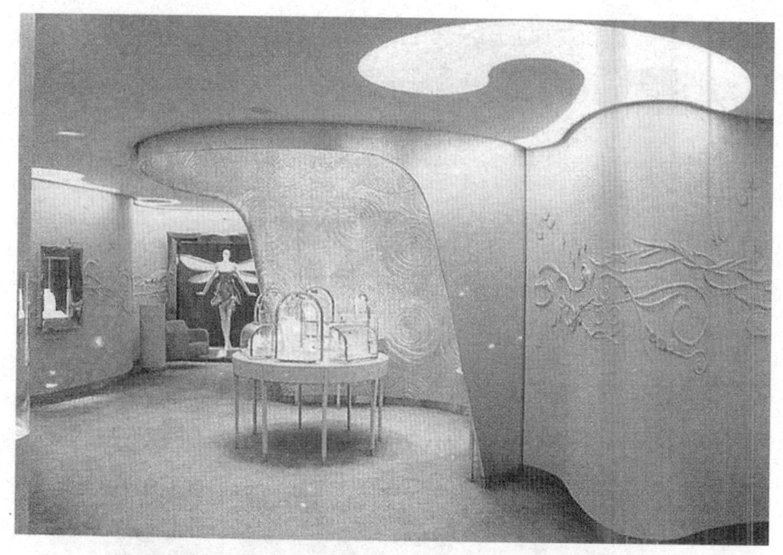

图 3-27　巴黎 VanCleef & Arpels 专卖店(一)

图 3-28　巴黎 Van Cleef & Arpels 专卖店(二)

2. 普通专卖店的照明设计

普通专卖店的平均照度为(300～500 lux),呈现自然色调(3000～3500 K),具备很好的显色性。结合使用大量重点照明,可营造轻松且颇具戏剧性的氛围(AF10-20:1),如图 3-29、图 3-30 所示。

图 3-29　普通专卖店照明设计(一)

图 3-30　普通专卖店照明设计(二)

3. 大众化商店的照明设计

大众化商店的基本照度较高，为 500～1000 lux，呈现冷色调(4000 K)，具备较好的显色性，营造一种亲切随意的氛围。它们往往使用很少的射灯突出商店中特定区域的特殊商品。

总之，通过对不同案例的分析，我们发现照明对商品展示具有一定的影响：照明设计能够营造商业空间的气氛，分析是商业空间设计不可或缺的一部分，如图 3-31 所示。

图 3-31　大众化专卖店灯光照明设计

三、色彩设计

色彩通过人们的视觉感受能使人产生一系列的生理、心理，甚至物理效应，如冷暖、远近、轻重、大小等，商业环境设计中可以利用这些关联性来创造理想的空间意象。

英国科学家牛顿认为，色彩是人的眼睛视网膜接收到光做出反应，在大脑中产生的某种感觉。这就说明光和色是并存的，没有光也就没有颜色，色彩就是光刺激人的眼睛的视觉反映，即不同波长的可见光投射到物体上，有一部分波长的光被吸收，一部分反射到人的眼睛，经过视神经传递到大脑，形成对物体的色彩信息，即人的色彩感觉。

(一)色彩的分类

颜色分为暖、冷两类色调。商业空间环境中冷暖颜色的合理搭配会让顾客对整体店面有一个新的认识，并能营造一种合理的购物环境。所以，根据冷暖色调的作用，经营者就需要对自身品牌所诠释的含义及服装的风格进行细致了解，最终结合色彩来设计店面氛围，如图 3-32、图 3-33 所示。

图 3-32　服装箱包展示空间色彩设计

图 3-33　家具展示商业空间色彩设计

商业空间环境中暖色系一般来说是很容易亲近的色系，人们看到暖色一类色彩，会联想到阳光、火等景物，产生热烈、欢乐、温暖、开朗、活跃等情感反应。暖色调的颜色分为热烈暖与温情暖两种。例如，酱红色的墙壁，会使店面充满媚惑与热烈，而黄色与橙色的墙壁则让人感到温馨与浪漫。这种色彩比较适合年轻阶层的店铺，同色系中，粉红、鲜红、鹅黄色等女性喜好的色彩，对妇女用品店及婴幼儿服饰店等产品华丽的高级店铺较合适。

见到冷色一类颜色，会使人联想到海洋、月亮、冰雪、青山、碧水、蓝天等景物，产生宁静、清凉、深远、悲哀等感情反应。仔细品味，冷色调的颜色又分为庄重冷与活力冷两种。比如黑色、灰色等色彩能使人感到庄重与稳定，而亮蓝与亮绿等色彩则会使人感到朝气蓬勃，较适合一些时尚品牌。此外，冷色系看来有很远、很高的感觉，有扩大感，严寒地区天花板很高的店铺不宜使用，否则进入店内会感到很冷清，亲切感降低。夏季为了再现山峰海涛的感觉，陈列时使用冷色系，可以产生清凉感，所以当作季节性的应用冷色系是很适当的。

（二）色彩的搭配与偏好

在同一空间中使用多种颜色，就必须注意色调的和谐。此外，可以形成色彩效果的要素是商品颜色和墙壁颜色的调和。例如，背景为黄色的墙壁，若陈列同色系的黄色商品时，不但看起来奇怪，且容易使商品丧失价值。由此可见，如果陈列相反色系的对比色，如黑、白商品并陈，商品会更加鲜明。店铺色彩不但可以提高顾客的购买力，同时也可以提高商品的水准。

人们对于客观世界外部色彩环境的认识和感受都是建立在人的视觉基础上的，这种对色彩的感知会引起人们的心理活动，激发内心情感的变换。人们因年龄、性别、风俗习惯不同，对色彩的喜爱也是不同的。

（三）专卖店商业空间环境中色彩的应用

当顾客步入服装专卖店时，如果只看到单纯的服装陈列与简单的店面装修，很可能无法调动起购买兴趣。服装专卖店本身的品牌风格是表现自我的重要组成部分，缤纷的专卖店空间设计不仅能够营造好的销售空间，更重要的是能够吸引此品牌消费对象的注意力，有效滞留顾客在店内的时间（图 3-34～图 3-36）。在这段时间内，专卖店就可以系统地利用店内广告、营业员的说服力等方法促使顾客对服装本身产生兴趣，并最终完成购买过程。怎样才能使顾客顺利完成这样的一个购买过程呢？专卖店中的色彩设计是店铺氛围设计的重要组成部分，色彩与品牌、室内环境、服装风格都有着密切的联系。有效的色彩设计能够使顾客从踏入店门起便感受到服装品牌独有的魅力与个性，使顾客的感性因素得到升华，最终调动其购买欲望。例如，专卖店空间中的天花板是创造室内美感的空间之一，与店面空间设计、店面灯光照明相配合，形成优美的购物环境。所以，在天花板设计时，要考虑到天花板的材料、颜色、高度，特别值得注意的是天花板的颜色。店面设计中天花板要有现代化的感觉，能表现个人魅力，注重整体搭配，使色彩的优雅感显露无遗。年轻人，尤其是年轻的职业妇女，最喜欢的是有清洁感的颜色；年轻高职男性重视店铺的青春魅力，以使用原色等较淡的色彩为宜。

图 3-34 Karim Rashid 移动房室内色彩设计(一)

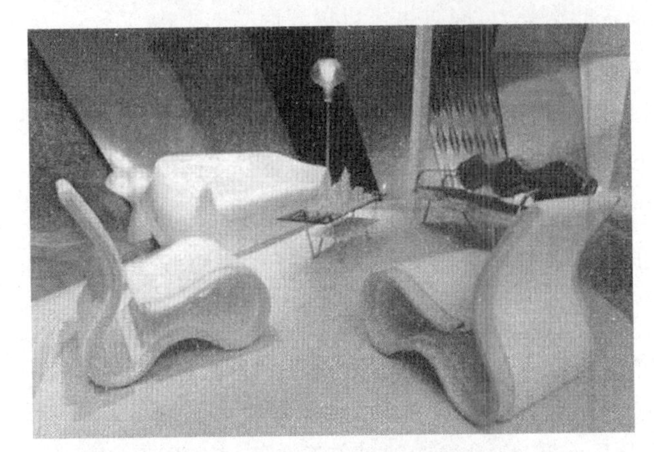

图 3-35 Karim Rashid 移动房室内色彩设计(二)

图 3-36 WALK EASY 商场专柜整体色调运用

四、材料设计

材料是人类用于制造物品、器具、构件或其他产品的物质统称。材料是构成空间的实体要素，一切商业空间环境设计最终都是通过材料构建实现施工的，它能带给人最直接的视觉体验。越来越多的材料在商业空间中竞相登场，成为商业空间设计创意的热点，因此，了解和正确使用材料完成商业空间设计对于设计师来说至关重要。

（一）材料的分类

传统上，人们把材料分为自然材料和人工复合材料。自然材料有木材、石材、金属、玻璃、陶瓷等；复合材料有油漆、塑料、合成材料、黏结剂、五金制品、纺织材料、五金饰品等。下面列举一些商业展示空间常用的材料：

1. 木材

(1)硬木。柳木、楠木、果树木（花梨）、白蜡、桦木（中性）。硬木花纹明显、易变形受损，宜做家具、贴面饰材，价格高。

(2)软木。松木（白松、红松）、泡桐、白杨。软木抗腐性、抗弯性差，宜做结构、木方，不能做家具。

(3)合成木材料。三合板，三层 1 mm 木板（或叫木皮）交错叠加，常用作家具的侧板及饰面材料（花梨、榉木是如此加工制作而成的），规格 1220 mm×2440 mm；合成板有五厘板和九厘板等，用来做结构，可弯曲；大芯板，为克服木材变形而生，两层木板中填小木块，板材厚度约 15～18 mm；木方，统一长度为 4 m，白松、红松、榉木都有；压缩板包括刨花板（用刨花锯末压缩而成）和密度板（用更大的压力加胶黏剂压缩，承压力大，用于做家具）。它们的缺点是不易于钉钉子，怕水泡，受潮后易变形。商业展示空间中以使用合成板复合型材料为主（图 3-37、图 3-38）。

图 3-37　上海世博会展馆细节部分木质材料的运用

图 3-38　商业展示空间木材的运用

2. 石材

(1)大理石。天然装饰石材中应用最多的是大理石，它因云南大理盛产而得名。大理石是由石灰岩和白云岩在高温、高压下矿物重新结晶变质而成。它的结晶主要由方解石或白云石组成，具有致密的隐晶结构。纯大理石为白色，又称汉白玉，如果在变质过程中混进其他杂质，就会出现不同的颜色与花纹、斑点。天然大理石质地致密但硬度不大，容易加工、雕琢和磨平、抛光等。大理石抛光后光洁油腻，纹理自然流畅，有很高的装饰性。大理石吸水率小，耐久性高，可以使用 40～100 年。

天然大理石板材及异型材制品是室内及家具制作的重要材料。其多用于大型公共建筑，如宾馆、展厅、商场、机场、车站等室内墙面、地面、楼梯踏板、栏板、台面、窗台板、踏脚板等，也用于家具台面和室内外家具。

(2)花岗石(花岗岩)。花岗石的硬度最高，花纹细，常用作饰面。花岗石以石英、长石和云母为主要成分。其中长石含量为 40%～60%，石英含量为 20%～40%，其颜色决定于所含成分的种类和数量。花岗石为全结晶结构的岩石，优质花岗石晶粒细而均匀、构造紧密、石英含量多、长石光泽明亮。某些花岗石含有微量放射性元素，这类花岗石应避免用于室内。花岗石结构致密、质地坚硬，耐酸碱、耐气候性好，化学稳定性好，吸水率低，耐久性强，但耐火性差，可以在室外长期使用，常用于基础、桥墩、台阶、路面，也可用于砌筑房屋、围墙(图 3-39)。

(3)其他综合类石材。其他综合类石材，如青石、毛石、鹅卵石、雨花石等，常用于商业空间的地面以及墙面装饰设计中。

图 3-39　上海世博会意大利馆石材的运用

3. 金属材料

金属材料在建筑上的应用，具有悠久的历史。在现代建筑中，金属材料品种繁多，尤其是钢、铁、铝、铜及其合金材料，它们耐久、轻盈，易加工、表现力强，这些特质是其他材料所无法比拟的。因此，在现代商业空间装饰中，金属材料被广泛地采用，如柱子外包不锈钢板或铜板，墙面和顶棚镶贴铝合金板，楼梯扶手采用不锈钢管或铜管，隔墙、幕墙用不锈钢板等，如图 3-40 所示。

图 3-40 商业空间内墙面展具金属装饰

（不锈钢金属的镜面质感与商业空间中的商品、人的流动交相辉映）

(1)铁。铁板，厚铁 2～200 mm，薄铁 1～2 mm，分冷轧黑铁(黑铁皮，角铁，可喷漆)和镀锌白铁皮(防锈，不能喷漆，有花纹)。规格为 1200 mm×2400 mm。线材，角钢(三棱、四棱)、工字钢(做大型结构)、槽钢(做大型结构)、方钢、扁铁，长度 6000 mm。管材，圆管分为无缝管(成本高)、焊管、薄壁圆管，做装饰用，最小直径 16 mm；方管薄壁(2 mm 厚)，做装饰用，最小直径 12 mm，常用 20 mm。型材，钢筋、钢丝和桁架(圆管或方管加上钢筋)。

(2)不锈钢。不锈钢板材有白板、钛金板、拉丝板、镜面板和亚光板。规格有 1220 mm×2440 mm、1220 mm×3000 mm 和 1200 mm×4000 mm，厚度为 0.3～2.5 mm。不锈钢多用作装饰，其特点是不生锈、韧性大、强度大，但价格高。

(3)铝材。铝材属于有色金属中的轻金属，质轻，密度为 2.7 g/cm^3，是各类轻结构的基本材料之一。铝的熔点低，为 660℃。铝呈银白色，加入合金元素后，其机械性能明显提高，并仍能保持铝质量轻的固有特性，使用也更加广泛，不仅能用于建筑装修，还能用于建筑结构。铝合金装饰材料具有重量轻、不燃烧、耐腐蚀、经久耐用、不易生锈、施工方便、装饰华丽等优点。

4. 玻璃

玻璃是现代商业空间室内装饰的主要材料之一。随着现代建筑发展的需要和玻璃制作技术上的飞跃进步，玻璃正在向多品种、多功能方向发展。例如，其制品由过去单纯作为采光和装饰功能，逐渐向着控制光线、调节热量、节约能源、控制噪声、降低建筑自重、改善建筑环境、提高建筑艺术等多种功能发展。具有高度装饰性和多种适用性的玻璃新品种不断出现，为室内装饰装修提供了更大的选择性。例如，白玻璃也叫青玻璃、无色玻璃，厚度为 4～5 mm，用于制作窗户；还有钢化玻璃、毛玻璃、压花玻璃、玻璃砖、中空玻璃、彩色玻璃等。设计师还可在玻璃制品上进行雕花、雕刻、腐蚀等处理(图 3-41)。

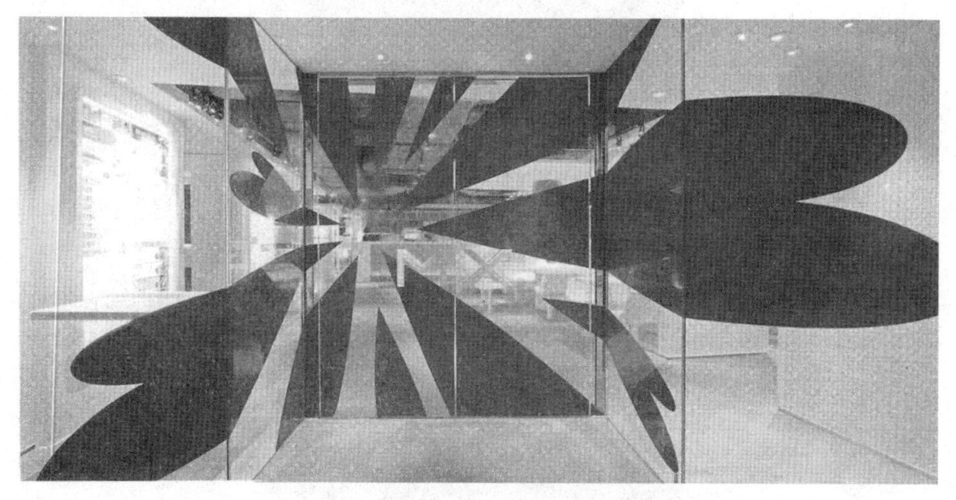

图 3-41　商业展示入口空间玻璃的运用

5. 塑料

塑料是指以合成树脂或天然树脂为主要原料，加入或不加入添加剂，在一定温度、压力下，经混炼、塑化、成型，且在常温下保持制品形状不变的材料，其运用十分广泛。例如，阳光板，中空，可弯曲，有多种色彩，加工简单，但受规格限制，价格高。其厚度有 8 mm、10 mm、15 mm，长度有 3000 mm、4000 mm、6000 mm。有机板包括透明有机板和有色有机板，色彩局限在纯色和茶色，脆，易脏、易损坏，规格为 1200 mm×1800 mm，厚度最薄可达 0.4 mm，常用厚度为 2 mm、3 mm、4 mm 和 5 mm。亚克力包括透明亚克力(水晶效果)和彩色亚克力，价格比有机板贵很多，但档次也高很多：硬度高，不易碎，透光效果好(图 3-42、图 3-43)。塑胶 PVC 管，比铁管轻、便宜，有灰色和白色，加热时能弯曲，可用弯头、三通弯头对接。其直径最小 150 mm，最大 500 mm，常用的为 400 mm。

图 3-42　商业空间亚克力的运用

图 3-43　巴林的 VillaModa 时装商店亚克力材质的运用

6.纤维织品

商业空间室内装饰纤维织品主要包括地毯、墙布、窗帘、台布、沙发及靠垫等。这类纤维织品的色彩、质地、柔软性及弹性等均会对室内的质感、色彩及整体装饰效果产生直接影响。合理选用装饰用织物，既能使室内呈现豪华气氛，又给人以柔软舒适的感觉。此外，纤维织品还具有保温、隔声、防潮、防蛀、易清洗和熨烫等特点，如弹力布，半透明，多种颜色，还可简单印刷(图 3-44、图 3-45)。

图 3-44　弹性针织物

图 3-45　上海世博会委内瑞拉馆棉麻针织物展示效果

7. 其他合成材料

铝塑板，两层铝皮中间夹 PVC 塑料，可抗腐蚀。防火板(纸制)，最厚 2 mm，常用 1 mm。

(二)材料的空间表情及其在商业空间环境中的运用

材料的表情是指立足于材料的各种特征及知觉效果而给人的情感反应。材料不仅能在视觉和功能的层面改写艺术与设计的含义，更在观念上为现代商业环境设计的发展提供可能性，如图 3-46 所示。

普通材料的重复运用与放置也能达到一种“隆重”的气氛效果。面对司空见惯的材料，可以将其打散重组，使之成为新的材料，产生一种新的场所精神，如图 3-47 所示。

图 3-46 普通材料的特殊运用

图 3-47 商业空间中的常见材料在墙面与顶面的重复运用

第四章
商业空间展示的设计方法与程序

第一节　展示设计流程

一、前期策划、脚本、文字编辑工作

前期设想、筹备、组织、资金筹集、广告、宣传等一系列活动的准备工作，虽然不一定由设计师承担，但会直接影响到展示的效果。一般正式的展览会、博物馆陈列的脚本需花费大量的时间来准备，商业性展示的脚本也需要必要的文案工作。

总脚本的内容包括：展示的目的、要求、指导思想、主题、内容、展品资料征集范围、展出地点、展示面积、展示日期、表现形式与手法等。细目脚本则要求每个部分的主副标题、文字内容、实物和图片、统计图表等资料都基本明确，而且对展示的道具、照明、色彩、材料的应用都有明确的要求，以便作为进一步设计的依据。

二、必要的技术资料和设计依据的收集工作

建筑图纸、测量实际空间尺寸、原有照明设施情况、配电情况、供电方式、大型机械设备和电动设备使用方式，展品性质、具体尺寸以及展示要求等，材料规格、大致价格、材料性能。这些是收集工作的内容。

三、艺术设计工作

展示设计的艺术设计工作也叫“图式设计”，是将设计意图诉诸表达的过程，是将展示主题和内容形象化。它包括：①平面布局的示意图。②展示空间

的预想图。③色彩效果的预想图。④版面设计的示意图。⑤照明效果预想图。

四、技术设计工作

技术工作是对艺术设计的补充，或由总体设计者承担，或由总体设计者指导完成。它包括精确的平面图、立面图、照明动力电的线路设计图、道具的制作图以及其他特殊设计的施工图。

五、范例

一个展览项目的操作流程是：

(一)接洽阶段

1.获取参展客户信息

通过以下一些渠道有可能获取最初步的客户信息：

(1)上届展览会的会刊。一般比较成熟和已经固定的展会，行业中的主要厂商基本上会继续参展，所以上届会刊是很好的渠道。会刊资料往往有平面图、展商的联系方式和简介。

(2)展会专设网站。比较有规模的展会基本上都建有专门的网页，一般有对下届展会的宣传和以往展览的回顾，会列出上届的展商以及展位照片。

(3)行业资讯媒体。行业资讯媒体比较熟悉本行业的展会和厂商，有些专门的采访类栏目，类似于展会快报，里面有参展商市场宣传方面的负责人信息。

(4)正在服务客户的参展商手册和平面图。如果在每次展会上有已经在服务的客户参展，最好能够通过他们获得展位平面图(在为新客户服务时也要尽可能获得所有展商的平面图)，上面有最新的参展商，该届展会的特装客户也可以一目了然。

2.上门拜访客户

会展行业的业务特殊性在于它的客户基本是确定的，只是客户需要选择不同的供应商。很多的客户会进行邀稿竞标，这些是很多展览公司都可以进入的，有些供应商关系已经固定的客户需要通过其他机会再进入。很多时候，确定要参展的特装客户是需要展览服务的，可以进行登门拜访。通过与客户的交谈，详细了解客户的意图，明确客户希望展示的主题、偏爱色调，是否开辟洽谈区，需要哪些媒介设备等。这些客户通常会邀请很多比稿。

3.取得客户参展相关资料

如果得到客户的认可，同意为其展览提供策划设计，通常需要得到客户的

以下资料:展馆平面图,展位面积,展商手册,客户公司介绍资料,客户公司全称,客户标准商标,客户标准字体,客户标准色标,参展产品名称、规格和数量,参展产品用电要求,重点参展产品,展位制作预算。通常,不管是何种情况,客户都会提供设计本身需要的资料,但对于展览服务公司来说,获得客户的费用预算是最关键的,在投标比稿中尤为重要。客户一般会选择那些风格和价格都比较接近自己的展台图。参展商手册和客户要求关系到设计师的方案是否能够达到入围标准,因此,应该尽可能齐全地从客户那里获得参展商手册涉及展馆的技术参数和规则要求等。客户要求可从以下几个方面明确:展位结构、展位材质要求、色彩要求、设计重点、照明要求、展板数量、展位高度等。

4. 明确设计图交付日期,制订工作计划

同客户明确首稿的交付时间和要求,会同设计师进行安排。对于大的项目,应该制定一份工作时间明细表,必要时可以提交给客户。

(二)设计阶段

1. 向设计师转交客户设计要求并随时与客户进行展位设计的相关沟通交流

为了便于设计部统一安排,业务人员应该把与客户在项目接洽中获得的客户设计要求和可能的需求风格,填入设计明细表,转交给设计部的负责人。如果有必要,应该把设计师介绍给客户,让双方可以有直接的联系。

2. 向客户交付设计初稿、设计说明、工程报价

展台初稿定下以后,会同供应商确定成本价,制作明细的报价单。一般展台设计的报价有一个比较细分的顺序,这既是为了方便具体列项,也有助于客户明了并乐于接受。在报价中要对材料、颜色、形状及尺寸进行尽可能完整的描述。一份完整的报价就是一份详细的工单,便于把握施工成本核算及施工的准确性。有些客户要求在提交设计图时附上设计说明。一般可以就展位风格、材质说明、展位功能、色彩说明、照明说明、设计重点等几个方面进行阐述。交图时,可由设计师向客户说图,解释该方案的卖点和最大的与众不同之处。

3. 研究客户反馈意见并进行再次修改

客户如果是多家比稿的话,就会有一番筛选。如果要求继续修改,那么应仔细了解其真实意图,综合具体情况再修改。最后交付定稿的设计图及工程报价。

(三)签约阶段

1. 同客户确定工程价格

在确定价格时,一定要保证所有的材料和要求是公司能够做到的。一旦客户确认而现场无法达到要求的话,将造成不良后果。

2. 明确同客户的相互配合要求

展馆现场搭建的时间一般都比较紧张,只有两三天的时间,这其中还有客户的展览产品需要布置,有时涉及需要提前申报的事宜,应同客户协调好双方负责的范围,最后签订合同。

(四)制作阶段

1. 根据部门工作单完成制作及准备工作

根据具体项目的需要,安排AV设备、木工结构制作、地毯供应商、美工制作等部分按照设计图的要求和客户的意图进行制作。在制作过程中如果有变动,应及时同设计师联系。

2. 安排客户到工厂实地察看制作及准备情况

一般客户确认最后的效果图后就只是等待到时进场,有些项目较大或者客户特别注重的项目会在制作中进行监督,应做好安排和准备。

3. 完成主办、主场、展馆等各项手续

有些项目应该于开展前向展馆或者主办方进行申报,如果该部分工作是由己方来完成的,就要就水、电、气与客户确认,并向主办方提供必要的材料如电图等供审批。对于某些特殊用材如霓虹灯、高空气球等还要进行特别的审批。

(五)现场施工阶段

1. 现场展位搭建

现场施工的好坏决定了项目设计是否能得到实现。现在有很多的展览公司只注重设计不注重搭建,造成了客户的不满,这也是展览服务中经常有客户更换供应商的原因。一般在搭建中客户也会在现场布置展品,此时最好具体负责该项目的业务服务人员能到现场陪同。如有必要,设计师也可以到现场监督施工,并同客户及时交流。

2. 处理现场追加、变更项目

现场中经常会有一些设计中本身没有预料到的情况出现,而且客户也会临时提出一些要求。如果是由于己方的原因造成的,应即时进行更改;如果是客户额外提出的，应保证首先满足其合理的要求，同时对追加的部分要求客户签订补充协议。

3. 配合客户安排展品进场

在实践中，应先把展台结构布置好以后再安排展品入场，现场的工作人员一定要注意为客户服务，配合其展品进场。

4. 客户验收

所有的搭建工作完成后，要进行展位的卫生清洁工作，直到客户验收完，以确保次日的开幕。

(六)展会期间及撤场阶段

1. 安排展会期间现场应急服务和增值服务

在展出期间，主要是客户的接待工作，但很多时候会需要对展台进行维护和临时配置。业务负责人员和一两个工人应在现场进行应急服务。从客户方来讲，客户很希望能够在展览期间有展览公司的人在场，并且最好是他熟悉的，以便在需要的时候随时可以解决问题。增值服务方面内容很广泛，有些业务人员在现场帮助客户做接待工作，外语水平好的可以充当翻译，甚至可以帮助客户发送资料、安排客户见面等。

2. 配合客户安排展品离场和现场拆除

展览结束后，应首先配合客户把展品撤离现场，再进行展位的拆除。如果客户对有些材料需要再次使用的，应帮助其打包运输；如果是需要己方保存的，应主动拆装。

3. 取回前期预付的相关费用

完成工程后，应及时进行成本总结，向展馆或主办方索回事先预付的电箱申请、通信押金等费用。

(七)后续跟踪服务

做好后续服务是赢得回头客的重要方面。展览后续服务内容很广泛，如公司可以把在展览现场的照片打印或冲洗一份给客户(包括客户本身的和其他公司的)；为客户整理展会的会后总结，收集该行业的今后会展信息，供客户选择下次参展；如果方便，可以邀请客户参观公司为其他行业客户设计的优秀展出等。只要能够在合同项目列表上为客户多付出一份努力，就会在下次服务中赢得优势。

第二节 商业空间展示的综合分析

一、接受委托

在接受设计任务展开工作之初，设计师必须了解项目的背景以及同类项目的情况，带着自己所掌握的知识经验与客户交谈对即将设计的项目会更加清晰。与客户交流的作业程序如表 4-1 所示。

表 4-1 接受委托与客户交流的作业程序表

名称	作业内容	综合要点
交谈	了解客户的功能需求，包括受众人群的年龄、爱好、习惯等，这些都是设计师需要知道的基本素材	了解客户
介绍	使用范例给客户进行介绍，看是否可行。设计师可拿出案例样本，直观地展现给客户，通过交流，找到双方共同的结合点	引导客户
建议	保持良好的态度并适当地给予建议，切不可只顾己见或一味地迎合客户不切实际的想法。发挥专业特长，取得客户的信任	专业意见
预算	交谈中要了解整个项目的投资预算，在预算范围内合理地进行设计与规划，避免因为资金问题而使设计中断。合理使用资金	合理造价

在与客户进行充分深入的交流之后，设计方应与客户进行设计任务书的制定，从而在项目实施之初决定设计的方向并保证设计师的经济利益，如意向协议文件、正式合同等。设计任务书是制约委托方（甲方）和设计方（乙方）的具有法律效应的文件。

二、实地勘测

设计项目启动，需要进行充分的实地调查与勘测，以便了解建筑空间的各种自然状况和制约条件。在现场实地勘测时，应带上笔、卷尺、速写本和建筑图纸，最好带部相机，便于直接地记录现场的各种空间关系状况。作业程序如表 4-2 所示。

表 4-2　现场实地勘测作业程序表

名称	作业内容	综合要点
看空间	CAD 建筑图所表现的建筑状况是很有限的。看空间的朝向，感受空间尺度关系、空间围合关系和流线关系	空间关系
看采光	了解建筑窗的自然采光、光照度、早晚光照、营业时间段等，综合思考照明设计	照明设计
看层高	有些建筑层高偏低，现场勘查后，便于决定顶部的造型设计。有些建筑层高好，要善于利用高度营造特定的空间体验	顶面设计
看管线	建筑图中，有些会漏标设施管线的情况，需要到现场核实清楚	设施管线
看消防	了解消防通道，符合消防设计规范。整合流线设计。确保长期使用安全	消防管道
量尺寸	建筑图与建筑空间现场的不符合情况非常普遍。一定要测量清楚建筑柱、隔墙大小、室内开间宽窄	复核尺寸
看环境	看建筑外立面和周围的环境，以便于了解建筑状况和制约条件	周边环境

三、作业流程分析

对商业空间使用进行研究离不开对不同商品销售和商业服务作业流程的分析，只有完全清楚作业流程，才能够更好地展开空间规划设计工作。根据一般作业流程，大致可分为以下几个方面。

（一）业态分析流程

业态分析流程包括市场分析、商圈调查、选址装修、筹备开业等。其中前期的市场分析与商圈调查是进行商业行为的基础，主要定位商业空间的商品类型、行业前景、消费人群等，从而确定店面设计定位。同时，应根据不同类型的商业空间制定相应的销售手段、营销方式、管理制度及经营效果分析等。

（二）空间使用流程

不同的商业空间使用流程有许多特殊要求，在功能和设施上会有较大的差异，但从其空间与服务性质的关系上来分，都有直接与间接的区别。

（三）资料整理

通过与客户的交谈以及调研、实地勘探工作，设计师明确设计任务的各个方面，包括空间的使用性质、功能特点、设计规模、定位档次和投资标准等相关内容，并将所搜集资料分类整理，以及整理实地勘测的数据、照片。复核图纸尺寸、管线位置。

第三节 商业空间展示的主题设计构思与概念意向

商业空间展示设计是有目的、有对象、有方法的创造性思维活动。一个吸引人的空间应该是富有个性和独特性格魅力的。通过层次、造型、色彩、灯光或者是一些特别的细节，营造出独具风采的空间氛围，让顾客在欣赏不同文化风情的同时，回味独特的商业展示空间环境。这要求设计师在开始具体设计之前就先有一个理念，即要把目标场所塑造成何种类型或风格以及在此空间中要突出什么——物品、品牌还是某种抽象的概念。

简单来说，创意理念就是设计师所依据的某种指导思想。一旦确定了某种理念，则要围绕这个理念来确定空间造型、材质、色彩和灯光，例如，当我们确定极简主义作为创作理念时，就要用平直简单的造型、素雅的色彩和灯光来构筑空间。

一、确立统一的风格

创意理念的确定不仅要与信息传达相一致，还需保持纯粹性和统一性，不要把不同风格、品位的元素混合到同一商业展示空间中。这受到两方面因素的影响：一是主观方面。设计师自身没有明确的理念或是受流行风尚的影响太重，不论何种主题的空间都加入某种时下流行的元素，把空间搞成多种理念并存的大杂烩。二是主办方（客户方）所提供的传达内容种类较多、风格迥异，不容易用同一理念的空间去承载。对于前者，设计师需不断提高文化修养和内涵；对于后者，则需要设计师有丰富的风格储备以及创新求变的适应能力。

以下对几种典型的商业展示空间风格类型作具体叙述。

（一）优雅含蓄

优雅含蓄类空间或简或繁，或淡雅或奢华，都是为了显示尊贵高雅的气度。不在造型和色彩上过分张扬，但在材质上十分精致考究，细节设计考虑周到，空间层次分明，尺度比例经得起推敲。

（二）追求朴拙

不以精致细腻的工艺、华丽的高档材料为美，因陋就简，以展示材料的本质、空间的自然原貌为美。这类商业展示空间常常借助旧空间或者自然材料来传达设计师追求的朴拙自然的理念，展示现场的粗犷感觉，对于那些看惯了华丽现场的顾客来说，无疑是很好的抚慰。同时追求朴拙也是一种绿色环保理念(图 4-1)。

图 4-1 风格朴拙的空间展示

(三)生活气息

具有生活气息的商业展示空间会尽量隐藏商业化的痕迹，以日常生活为中心，是商业展示空间的生活化，增加亲近感，营造出温馨、柔和、浪漫的氛围。这类空间中常常会特意安排一些看似随意的日常摆设等细节，以增添生活气息，使人感觉身处自己生活中的某个场景中。这也是一些与生活产品相关的主题经常用的设计理念(图 4-2)。

图 4-2 充满生活气息的宜家家居陈设

(四)趣味性和故事性

趣味性和故事性空间安排了一些有意味的情节或场景，通过一些有趣的道具渲染活泼的气氛，空间被塑造得如同舞台演出，显示出一定的戏剧化张力。充满情趣的场景布置增加了信息传达的趣味性，使人不由自主地被吸引。趣味性强的形象往往能被不同审美层次的人认同，从而扩大受众范围。趣味性和故事性可以通过多种方式获得，卡通的、拟人的、可爱的、搞笑的，还可以是赋有深刻哲理的幽默（图 4-3）。

图 4-3　有趣的店内陈设

（五）突出地域性特色

追求地域性特色即突出地方特色，形成一种地方性的文化氛围。这类空间又可以分为两种：一种是追求异域情调，以新奇的事物刺激顾客的好奇心和探索欲望；一种是突出本土性，强调民族性和传统特色，发掘民俗要素，创造性地再现它们，使之有效地转化为现代人能接受的视觉符号，以求得新奇的视觉感受。值得注意的是，当把地域和民俗概念引入空间时，一定要对其文化背景有所了解，所用形象要与空间所传达的主题相吻合。如果只是简单地把一些地域特色的表征符号强加到空间中，只会让人觉得肤浅，甚至可笑。

（六）塑造神秘感

具有神秘感的空间最能激发人们的好奇心，当然，神秘感的产生需要空间内多种元素的整体配合，例如，灯光、色彩，甚至诡异的配乐。一般来说，空间容积较小，大量应用黑色或深色的材质以及低亮度、单色灯光来表现空间的神秘感的效果较好。

（七）象征比喻

用象征手法塑造的空间，在含义的表达上可能委婉含蓄，但所选择的视觉形象却可以鲜明张扬。对于晦涩抽象的概念以及很难用直接相关的视觉形象表现出来的概念,就可以用一种形象化的视觉"图腾"表达出来。在选择象征比喻所用的形象时,要注意选择视觉冲击力强、便于展示陈列、便于制作成三维立体模型的形象。

(八)超现实

超现实空间追求神秘、幽深、奇特、迷幻、光怪陆离、超现实的戏剧性空间效果,创造完全不同于现实的特殊氛围,以这种视觉假象吸引顾客注意并留下深刻印象。这种空间可能需要一些特殊的造型、材料、灯光效果的辅助衬托来更好地传达神秘或者超现实的气氛。

(九)颠覆常规

颠覆常规的空间追求的不是优美与协调,而是给顾客造成心理上的强烈震撼,带来惊奇和震撼,从而对空间留下深刻的印象。具体表现到手法上,就是用叛逆的方式重塑人们所熟悉的视觉模式,不用物体的常态构筑空间。那些突破性的、不规则的造型、出人意料的构造、令人耳目一新的色彩搭配以及打破常规的材料选择等,都是这类空间常用手法(图 4-4)。

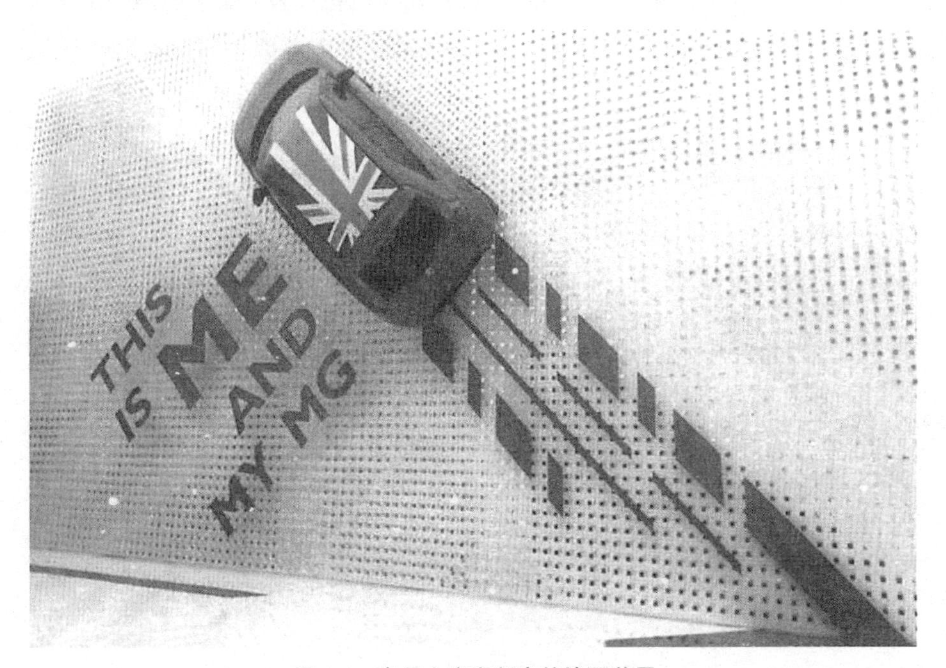

图 4-4　车展上富有新意的墙面装置

二、强调功能

按照功能主义的思想，商业展示空间有两项主要功能，即展示信息和提供互动交流的空间，而空间的风格、审美是第二位的。展示信息的快捷方式就是以品牌的形式向公众传达，所以也可把商业展示空间的功能简化为强化品牌和提供互动。

（一）塑造品牌

所谓塑造品牌，并不只是简单地突出标志符号，在商业展示空间中展现品牌文化的气韵和魅力也至关重要。

一个具有突出个性和强烈感染力的商业展示空间不仅要有力地宣传品牌形象，更重要的是要获得顾客的认同感和情感上的沟通亲近，也就是说，它在一定意义上完成了品牌形象的塑造、维护和提升以及品牌文化的渗透。清晰的标识，规范的标准色，明确的理念，统一的风格，一脉相承的文化内涵，所有这一切都使商业展示空间成为品牌文化传播的绝佳载体。尽管塑造空间的材料和流行风尚不断进步更新，但在流行中应永远保有一份品牌自己独有的气质。

例如，瑞典品牌宜家家居，在建筑风格、陈列风格以及色彩和字体的使用等方面达到了高度的一致，使人置身其中，感受到整齐而温馨的环境氛围（图 4-5、图 4-6）。

图 4-5　宜家家居风格统一的外观被称为“蓝盒子”

图 4-6　宜家家居的样板间和展示墙

(二)营造互动

对顾客来说，与商业展示空间的亲密接触，最好能够形成交流互动，即消费者能够从各个角度和层面充分了解商品的性质。有的互动交流是面对人的，那么观众获得的信息就更加鲜活。从设计师的角度看，科技的发展为互动提供了便利，比如各式各样的多媒体手段，能在有限的互动空间中把更多更详细的信息以直接的方式传达给消费者。基于以上两点，互动空间越来越受重视，其形式也越来越多样化，在商业展示空间中占的比例也越来越大。

三、营造恰当的空间氛围

商业展示空间的设计不单是空间的创造，理念的实现也不能单靠某些元素的排列，还需要各方面因素互相联系、相辅相成，构成一个完整的商业展示空间氛围。如同音乐有主旋律，空间也需要设置一个主题气氛，这个氛围对整个空间起着提纲挈领的作用，直接影响空间的基调。一个空间是让人激动、冷静或入迷，都是不同的空间氛围所造成的不同心理感受。从层次分明、高低参差的空间感塑造，到多种材质的搭配运用，再到各种道具的摆设布置等，处处都要围绕营造特定的主题情调和气氛来进行，而设计师除了强调这些情调和气氛本身外，更重要的是显示空间的内涵(图 4-7)。

图 4-7 通过大型装置、灯光和建筑细节营造出童话般的空间氛围

气氛的营造不仅是材质、灯光或色彩某一单方面的问题，关键是与主题的配合，配合得恰当能为整个空间锦上添花，配合不当反而破坏主题传达(图 4-8)。

图 4-8 通过材料和灯光塑造空间氛围

第四节　商业空间展示平面设计

一、平面图的制图要求与规范

商业空间展示设计图样是由许多图示符号表达的。为便于这种图示语言的认同和流通，常用一些规则对其加以规定，形成统一的标准，即制图要求与规范。

（一）图纸幅面规格及图标

1. 图幅

图幅即图纸幅面，指图纸的大小规格。装饰工程图纸幅面及图框尺寸见表 4-3。

表 4-3　图纸幅面及边框尺寸

<table>
<tr><th rowspan="2">幅面代号</th><th rowspan="2">幅面尺寸 BL</th><th colspan="3">边框尺寸</th></tr>
<tr><th>A</th><th>B</th><th>E</th></tr>
<tr><td>A0</td><td>841×1189</td><td rowspan="5">25</td><td rowspan="3">10</td><td rowspan="2">20</td></tr>
<tr><td>A1</td><td>594×841</td></tr>
<tr><td>A2</td><td>420×594</td><td rowspan="3">10</td></tr>
<tr><td>A3</td><td>297×420</td><td rowspan="2">5</td></tr>
<tr><td>A4</td><td>210×297</td></tr>
</table>

图幅因图纸内容分横式和立式两种。在同一工程中，为便于装订、查阅、保管，应尽可能选择同一规格图纸进行设计。在特殊情况下，允许加长 0～3 号图幅的长边，加长部分的尺寸为长边的 1/8 及其倍数。

2. 图标

图标即图纸的标题栏。图标因图幅的大小及图纸的作用不同可分为大图标、小图标、会签栏与学生图标号。有些设计单位或专业图纸已有成型的图标，只需填写图标内容。

（二）图线

任何图样都是用图线绘制，图线是图样的最基本元素。图线有实线、虚线、点画线、双点画线、波浪线、折断线六类。其中前四类依线宽可分为粗、中、细三种。

(三)定位轴线

定位轴线是商业展示空间设计工程中表达建筑空间中主要承重构件(柱、墙等)位置的线,它是商业展示空间设计工程中的主要参照轴线。

定位轴线用细点画线表示,一般应编号。轴线编号在定位轴线的末端用8 mm 或 10 mm 直径(详图用)的圆圈表示。图圈内标注编号。水平方向用阿拉伯数字表示,从左到右按顺序编号,垂直方向用大写英文字母,按照从下向上的顺序编写。一般不采用“I、O、Z”三个字母,如字母数字不够,可用 AA、BB……或 A1、A2……进行标注(图 4-9)。

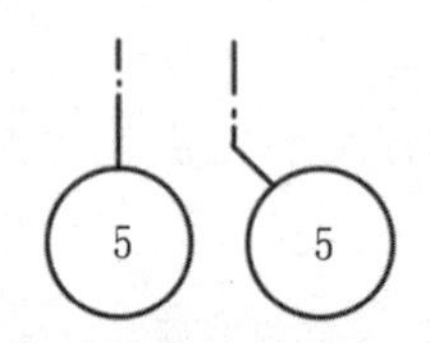

图 4-9 定位轴线的标注方法

当平面图比较复杂时,定位轴线也可以采用分区编号。分区编号的注写形式应为“分区号—该分区标号”,分区号采用阿拉伯数字或大写拉丁字母表示(图 4-10)。

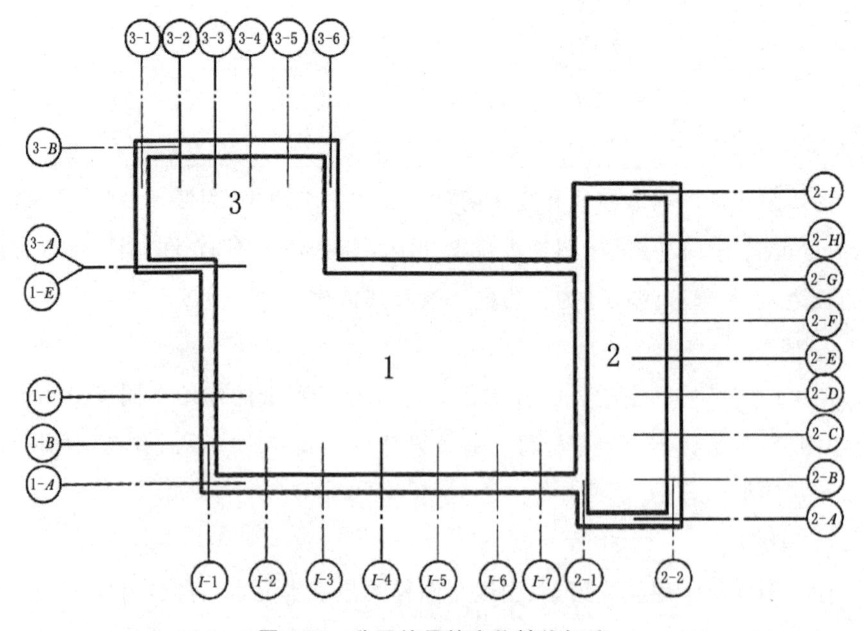

图 4-10 分区编号的定位轴线标注

如果两条轴线间有附加轴线,应以分母表示前一轴线的编号,分子表示附加轴线的编号，编号宜用阿拉伯数字顺序编写（图 4-11），一个详图适用于几根轴线时，应同时注明各有关轴线的编号。

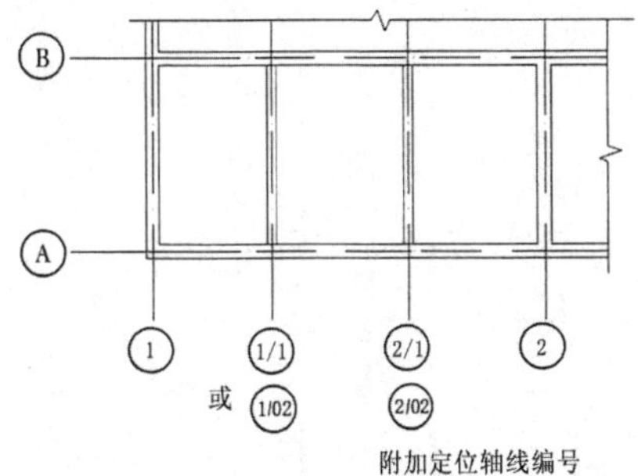

图 4-11　附加轴线的编号方法

（四）尺寸标注

在商业展示空间设计工程图中，图样只表示物体的形状，真实尺寸由图样上所标注的实际尺寸来定。图样上的尺寸标注由尺寸界线、尺寸线、尺寸起止线和尺寸数字四部分组成。其中尺寸界线（尺寸线）用细实线绘制，尺寸起止线用 45°斜向中粗短线或圆点标注，尺寸数字以厘米（cm）或毫米（mm）为单位。当图样为不规则图形时，其尺寸可用网格法标注，分别表达直径、半径、圆弧、圆及其角度的标注方法（图 4-12）。

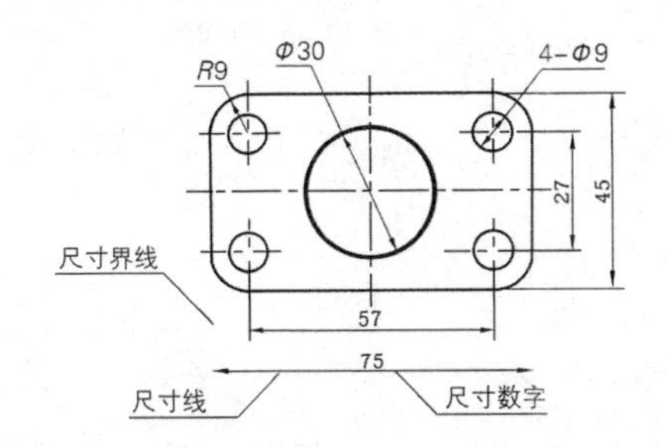

图 4-12　尺寸标注实例

（五）符号

1. 剖切符号

剖面的剖切符号由剖切位置线及剖视方向线组成，均以粗实线绘制。剖切时剖切符号不能与图面上图线相接触，剖视方向线垂直于剖切位置线。剖切符号用阿拉伯数字按顺序从左向右、从下至上进行编排，并标注在剖视方向线的端部（图 4-13）。

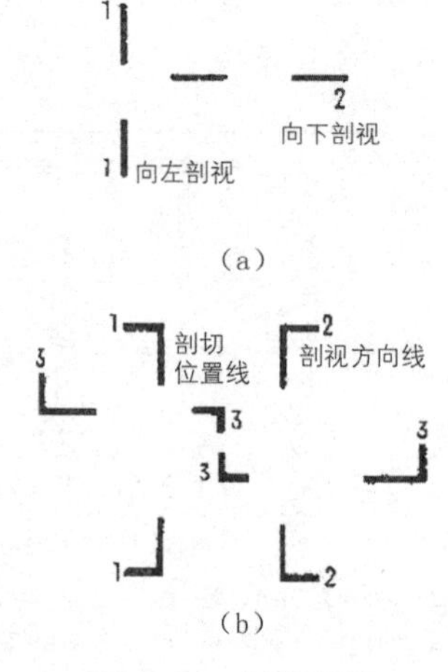

图 4-13 剖切符号

(a)断(截)面剖切符号 (b)剖面剖切符号

2. 索引符号与详图符号

(1)索引符号。图样中的某一局部或构件,如需另见详图,应以索引符号索引。索引符号的圆圈用细实线绘制,圆的直径为 10 mm(图 4-14)。

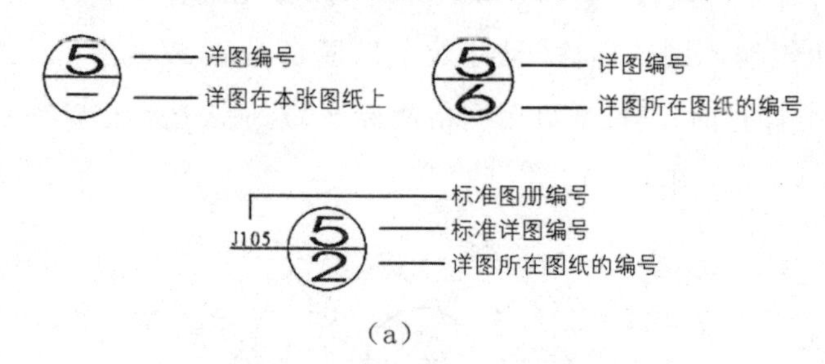

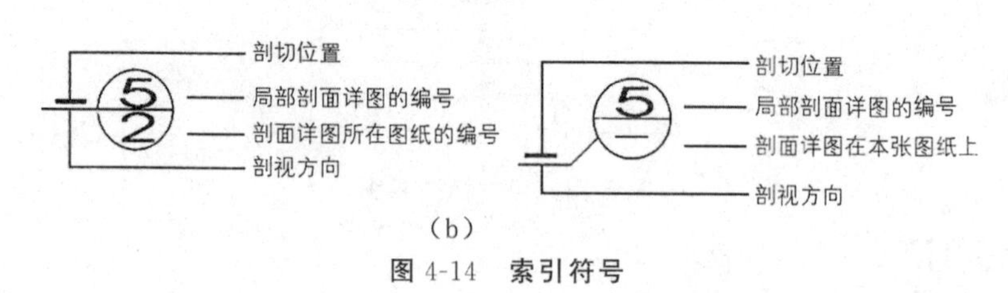

图 4-14 索引符号

(a)详图索引符号 (b)局部剖切索引符号

(2)详图符号。以粗实线绘制,圆的直径为 14 mm(图 4-15)。

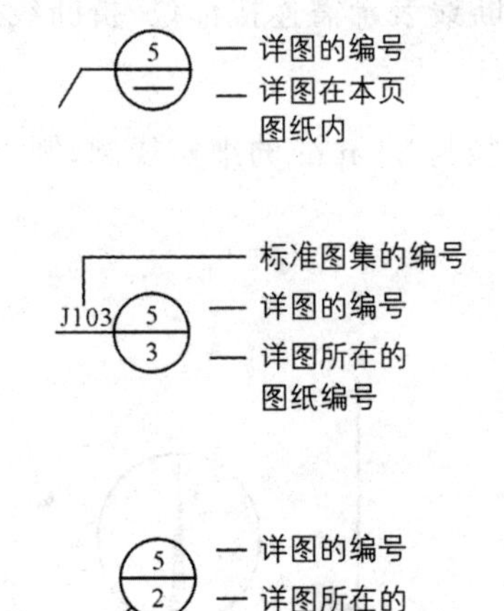

图 4-15 详图符号

3. 引出线

引出线应以细实线绘制,可采用水平方向直线,或与水平方向成 30°、45°、60°、90°的直线。文字说明宜注写在横线的上方或端部(图 4-16)。

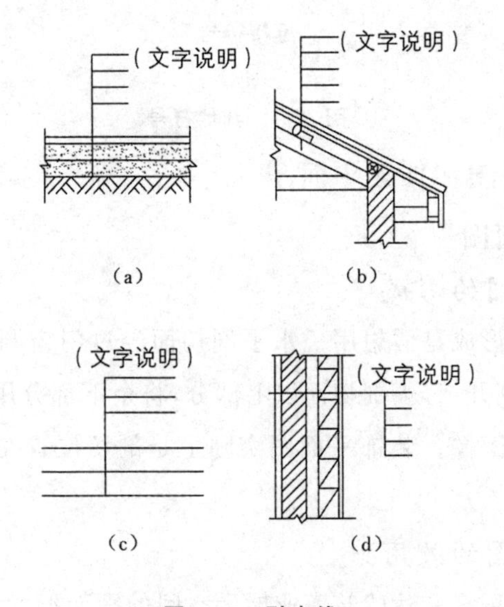

图 4-16 引出线

4. 其他符号

(1)对称符号。用细线绘制,平行线在对称线一侧长度应相等。

(2)连接符号。以折断线表示需连接部位,折断线两侧用相同的大写拉丁字母编号。

(3)指北针。为一直径为 24 mm 的细实线圆,圆内指针尖向北,指针底部宽度为 3 mm(图 4-17)。

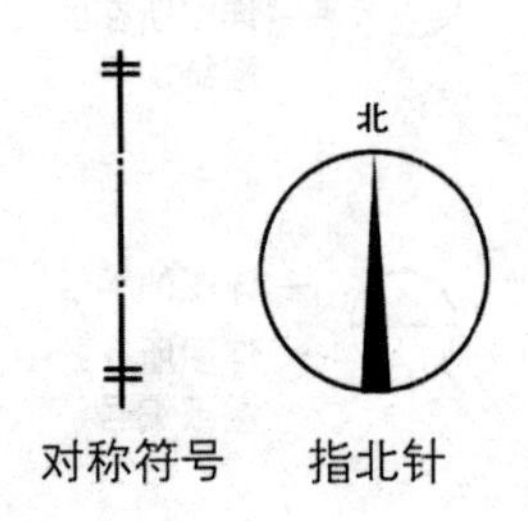

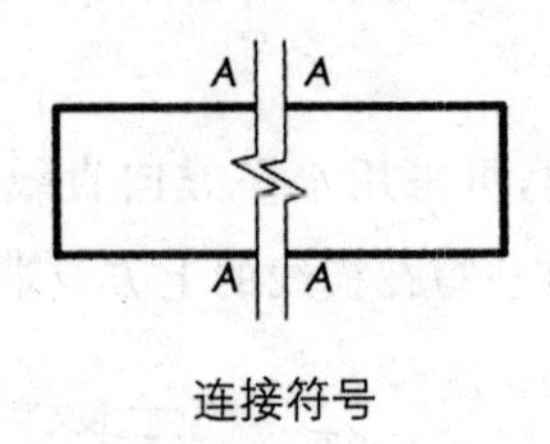

图 4-17　其他符号

二、装饰平面图和顶棚平面图

(一)装饰平面图

1. 装饰平面图的形成

装饰平面图的形成是假想用一水平剖切面经过门窗洞口(或距地面 1.0m 处)之间将建筑物剖开,移去剖切面以上部分,将余下部分用正投影法将其投影到地面上所得到的图像。装饰平面图实际上是剖切位置在门窗洞口之间的水平剖面图。

2. 装饰平面图的效用

装饰平面图是用来表达建筑商业展示空间的平面形状和大小,组成建筑物的墙、柱、门窗构件的位置、尺寸及做法,商业展示空间各功能区的平面位置及相互关系,各空间的平面(家具、陈设的形状、位置、大小等)、地面的造型及做法等。装饰平面图是对商业展示空间平面布局的一个大概括，充分表达设计方案的功能分区、艺术创意及经济条件，是商业展示空间设计平面图的主要图纸之一。

3.装饰平面图的主要内容

装饰平面图所表示的内容主要有三部分：一是建筑结构及尺寸，它是在建筑平面图的基础上绘制而成，充分表达建筑主体的一些既定因素；二是装饰布局和装饰结构以及尺寸关系；三是设备、家具的安放位置及尺寸关系。

(二)顶棚平面图

1.顶棚平面图的形成与效用

为了表达建筑物内吊顶天花面的设计做法，设计师将与顶棚相对的地面假想为镜面，将顶棚所有形象如实地照到镜面上。这种镜面图像仍符合正投影的成像规则，将原平面图中剖切时移去的部分投影到地面上，这种方法叫镜像成像，可在图名后加缀“镜像”二字。由于业内人士约定俗成，顶棚平面多用镜像成图，有时也可免去标注。主要用于表达顶部造型与尺寸、材料规格、灯具式样、位置及其他设施的安装位置和规格等(图 4-18)。

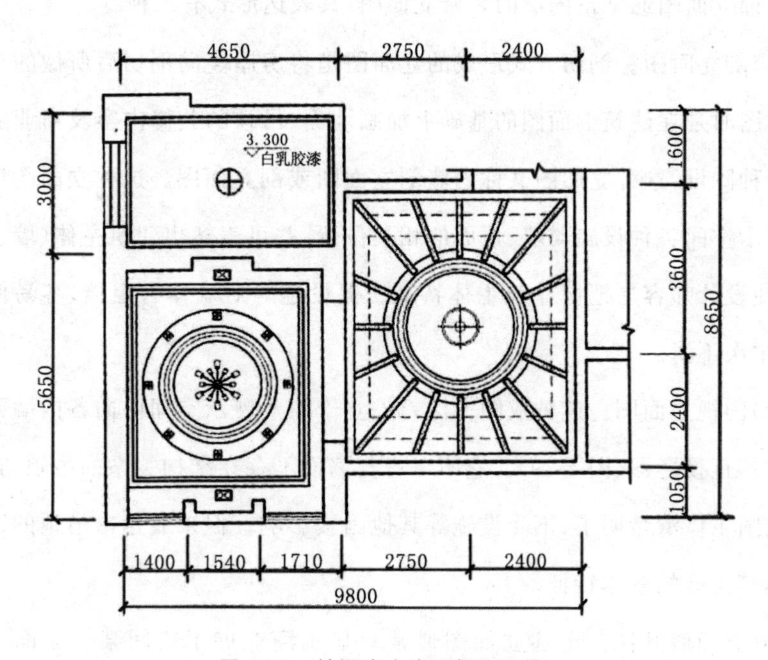

图 4-18 某酒店大堂顶棚平面图

2. 顶棚平面图的主要内容

顶棚平面图重点表达顶棚平面的造型和风格，主要内容有：

(1)顶棚装饰造型式样与尺寸。

(2)天花板所用的装饰材料名称、规格、品种、色彩。

(3)灯具的式样、规格与位置。

(4)空调风口位置、消防报警系统检修孔与音响系统的位置。

(5)天花板吊顶平面图的剖切位置及剖切面编号。

(6)顶棚平面造型、面积、功能、装饰细节以及顶面设施位置关系与尺寸。

(7)顶棚上设备与天花板的衔接方式。

三、装饰立面图

(一)立面图的形成与效用

1. 立面图的形成

装饰立面图通常指内墙的装修立面图，其表达形式有三种。

(1)剖立面图。剖切方式形成的立面图是将房屋竖向剖切后所做的正投影图。成图时是在建筑剖面图的基础上加画墙面、吊顶的装修内容及商业展示空间的各种陈设，这种立面图又称内墙剖立面图或剖立面图。这种立面图反映出商业展示空间各种设施与墙、顶面的相关位置，并可表达出建筑主体(墙、顶)的构造，使设计师容易把握建筑主体特征。但设施等对墙体有阻挡，容易使图面混杂，主次不清。

(2)内视立面图。这种成图方法是人立于商业展示空间内向各内墙面观看而形成的正投影图(图 4-19)。它不考虑与墙面不存在结构关系的吊顶与陈设。这种成图主体清楚明了，不受设施等其他因素影响。但未表达出吊顶的凹凸关系和建筑主体的基本特征。

(3)立面展开图。上述立面图通常只显示商业展示空间某一立面墙体造型，有时为表达围绕墙体空间的各个墙面图像，将围绕商业展示空间的各墙面拉平在一个连续的立面上形成的立面图即为立面展开图。

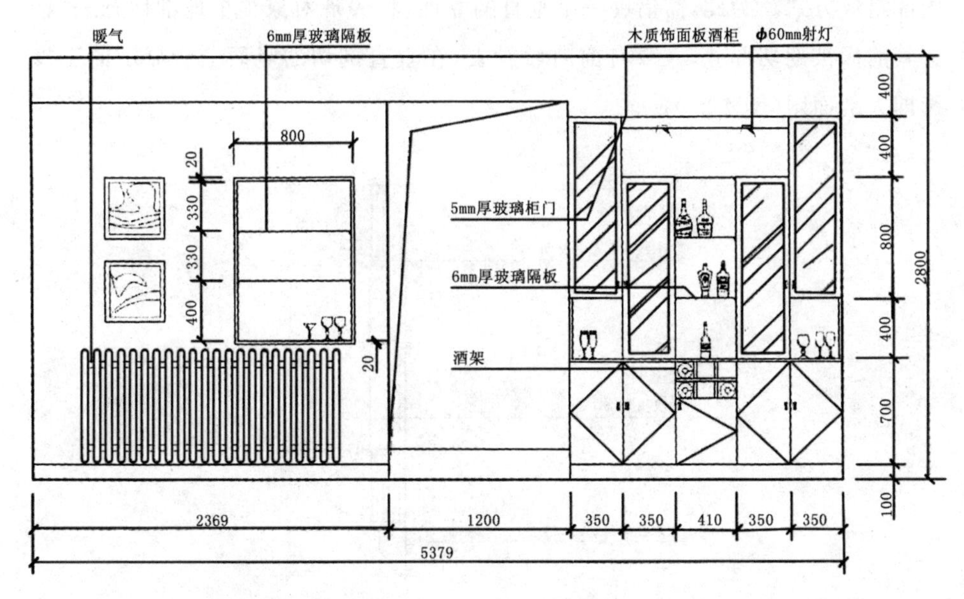

图 4-19 某餐厅立面图

2.立面图的效用

立面图主要用来表达内墙立面的造型,显示所用材料及规格、色彩、工艺要求等。

(二)立面图的主要内容

(1)商业展示空间地面的相对标高,装饰吊顶天花板的高度尺寸,迭级造型互相关系尺寸。

(2)墙面装饰造型的式样,并用文字叙述其所用材料及工艺要求。

(3)墙面所用设备的位置及规格。

(4)墙面与吊顶的衔接、收口方式。

(5)门、窗、隔墙、装饰隔断物等部位的立面造型及高度尺寸和安装尺寸。

(6)绿化及组景、设置的高低错落位置关系。

(7)楼梯踏步地台等的高度、扶手造型和高度以及所用装饰材料的种类和工艺方法。

(8)建筑结构与装饰结构的连接方式、衔接方法、相关尺寸。

四、装饰剖面图

(一)剖面图的形成与效用

1.剖面图的形成

在平面图中,仅依靠平面图和立面图不能充分表达建筑结构或装饰结构的内部组成方式。为此，需借助一个垂直的立面，将表现对象整个地剖切开来，移去其前面被剖切部分，人眼自前向后看去，在垂直剖切的竖面上所显示的正投影即为剖面图(图 4-20)。

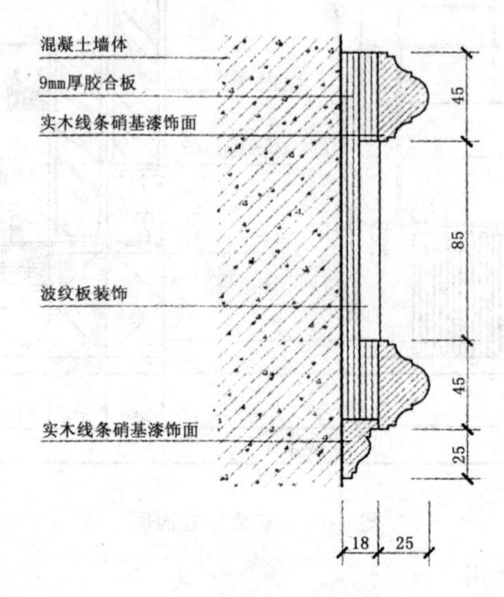

图 4-20　某空间局部剖面图

2.剖面图的效用

装饰剖面图表达出建筑空间或装饰面上下空间的关联方法，充分体现内部组织的相互交接关系，呈现一种清楚、有机的空间感觉，是平面图和立面图的补充。

(二)剖面图的主要内容

(1)装饰面或装饰形体本身的结构形式、材料情况以及与主要支撑构件的互相关系。

(2)构件、配件局部的详细尺寸、做法及平面要求。

(3)装饰结构与建筑结构之间详细的衔接尺寸与连接方式。

(4)装饰面之间的对接方式。

(5)装饰面上设备的安装方式和固定方法。

五、节点详图

详图是补充建筑装饰中剖面图、立面图的最为具体的图说手段。一般的基本视图都比实际物体小很多，在表达物体的结构细部关系时不够清楚。而节点详图在不放大基本视图比例的情况下，将某些局部区域单独放大绘制，详细清楚地交代局部区域的构造关系，是为深化装饰平面、剖面、立面而补充的技术性特写(图 4-21)。

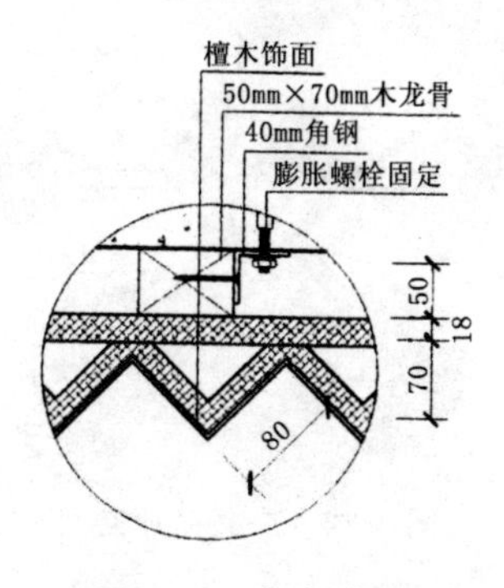

图 4-21　节点详图

节点详图的目的是为工程提供更为翔实的参考资料，它表达出局部区域的构造、材料、尺寸及相互之间的衔接关系。在绘制节点详图时，应注意详图索引和详图符号的对应关系，使节点详图成为最直接指导施工和管理的最详细的资料。

第五节　商业展示空间设计

商业空间的基本空间形态及组合构成关系，均源于最基本的空间构成变化规律。而特定的商业行为及消费心理介入，又使其具有明显的“商业”特点。本节着重讲述一些基础的空间形态对商业行为产生的影响和满足商业行为的一些特定的空间组合构成关系。

一、商业空间的空间构成

商业空间的基本构成是由人、物、空间三者之间的相互关系构成的。人与空间的关系是空间提供了人的活动，其中包括物质的获得、精神的感受和信息的交流。人与物的关系是一种交流的功能，物质提供了使用功能，并传达相关的信息(包括识别、美感、知识等)。

商业空间是为商业活动服务的各类空间环境，相应的空间环境设计具有广义和狭义上的区分。从狭义上讲，现代商业空间的综合功能和规模不断扩大，出现各类商业用途的空间环境设计，如商场、超市、娱乐场所、休闲空间、专卖店、博物馆、展览馆等空间设计。从广义上讲，又分为建筑基础条件、功能需求、风格特点、后期工艺以及观赏者感受符合人生理条件等(图 4-22)。

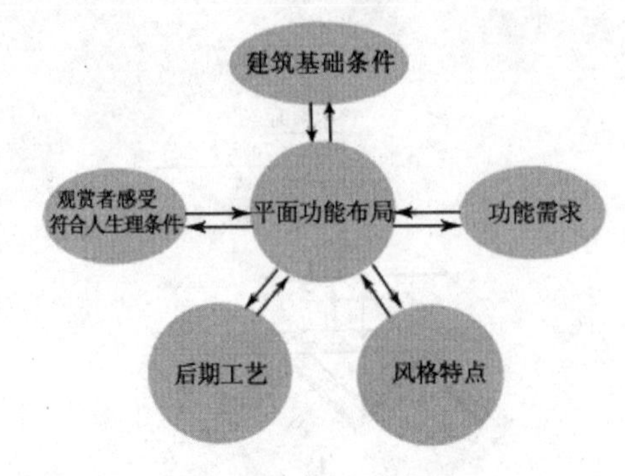

图 4-22　广义商业空间

二、商业空间的基本空间形态

(一)设立

“设立”又称为中心限定,是以整个展示空间的中心为重点的陈列方法。把一些重要的、大型的商品放在展示中心的位置上突出展示,其他次要的小件商品在其周围辅助展示。

“设立”形态的特点是主题突出、简洁明快。一般在商铺入口处、中部或者底部不设置中央陈列架,而配置特殊陈列用的展台。它可以使顾客从四个方向观看到陈列的商品。“设立”形态产生空间核心区间和视觉中心,吸引顾客立即感知商业核心信息,产生强烈的购买欲望和新奇感受,最大限度地吸引消费者,还可用相关的导向系统指引客户到达。

(二)围合

“围合”是指在大空间内用墙体或者半通透隔断方式,围隔出不同功能的小空间,这种封闭与开敞相结合的办法,在许多类型的商业空间中被广泛采用。

“围合”的手法可以把相对开放的展示区域与相对私密的沟通服务区域分隔开。不同的区域配合不同的营销和商品展示,使客户产生尊贵感,更好地专注于消费行为本身。

(三)覆盖

“覆盖”是指在开阔的区域规划出特定的区域,用天棚覆盖的方式,在大空间中形成半开放式的区间,营造集中、安全、亲密的空间感觉。“覆盖”分隔出来的空间,建筑上一般称为“灰空间”,适合在大空间中聚集人流,是人流停留率较高的一种空间形态。

(四)下沉

室内地面局部下沉，在统一的室内空间中就产生了一个界限明确、富于变化的独立空间。由于下沉地面标高比周围要低，因此有一种隐蔽感、保护感和宁静感，使其成为具有一定私密性的小天地。消费者在其中休息、交谈也倍觉亲切，较少受到干扰。同时随着视点的降低，消费者会感到空间增大。

(五)地台

将室内地面局部升高也能在室内产生一个边界十分明确的空间。地面升高形成一个台座，和周围空间相比变得十分醒目突出，因此它们适宜于惹人注目的展示和陈列或眺望。许多商店常利用地台式空间将最新产品布置在那里，使消费者一进店堂就可一目了然，很好地发挥了商品的宣传作用。

(六)悬架

用一些特殊的动态展架，使商品放在上面可以有规律地运动、旋转；还可以巧妙地运用灯光照明的变换效果使人产生静止物体动态化的感觉；巧妙变化和闪烁或是辅以动态结构的字体，能产生动态的感觉；此外也可在无流动特性的展品中增加流动特征。

(七)穿插

"穿插"是指把几个不同的形态，通过叠加、渗透、增减等手法组合出一个灵动、通透、有视觉冲击力的新形态。"穿插"的手法经常运用在商业空间的设计中，产生符合商品定位的形态，吸引消费者的注意力。

(八)阵列重复

"阵列重复"是指把单一或者几个基本元素在空间中重复排列，达到整齐有力的空间效果。"阵列重复"本身就产生一种序列的形式美感，在许多功能相对单一的大型商业空间运用，如超级市场、古典风格的服装店等。

三、商业空间的序列组合

各商业空间单元由于功能或形式等方面的要求，先后次序明确，相互串联组合成为不同的空间序列形式。现代商业空间中，中心式、线式、组团式是比较常见的空间序列组合方式。

(一)中心式组合

中心式空间序列组合适用于中轴对称布局的空间，以及设有中庭的空间等。中心式空间序列组合设计强调区域主次关系，强调中轴关系，强调区域共享空间与附属空间的有机联系。中心式组合的空间形态强烈对称，冲击感强，富有递进、庄重、有序的表现力。通常在开阔的市政广场、大型购物中心的中庭、酒店大堂等，会采用这种强烈有力的空间序列组合手法。“设立”“地台”“下沉”“覆盖”“悬架”等都是中心式组合的常用空间形态。

1. 向心式构图

由一个占主导地位的中心空间和一定数量的次要空间构成。以中心空间为主，次要空间集中在其周围分布。中心空间一般是规则的、较稳定的形式，尺度上要足够大，这样才能将次要空间集中在其周围。

中庭由于其空间构成元素的多样性以及空间尺度的独特性，成为整个商业空间设计的重点。在设计中应着力体现其社区性、节日性及娱乐性，从而成为整个购物中心营造气氛的高潮。中庭的构成元素包括自动扶梯、观光电梯、绿化小品等及特定的营造气氛的要素。集中式组合内的交通流线可以采取多种形式(如辐射形、环形、螺旋形等)，但几乎在每种情况下流线都在中心空间内终止。

中心式组合通常有“中心对称”以及“多中心均衡”两种主要组合形式。两者区别是“中心对称”强调对称美感，通常有一个视觉中心区；而“多中心均衡”着重于均衡构图，不强调绝对对称，通常有两个或者三个视觉中心区。

2. 视觉中心

在现代商业空间设计中，每个空间形态都具备有色、有质、有形、有精神含义的特征。这些空间形态在视觉关系中形成了一定的序列关系，形成了“主与次”“虚与实”等形式现象，而所形成的“主”“中心”“精彩”“实”的部分就是“视觉中心”。

视觉中心有突出空间核心元素的辨识作用。形成视觉中心的一般手法有特异形象、图像体量较大、色感强烈、动态形象等。

视觉中心的特点：一方面，充当“视觉中心”的造型，通常居于区域的中心位置，以强有力的造型作为视觉主导，起到聚集人气、指导流线的作用；另一方面，充当“视觉中心”的象征，通过材质和造型元素的处理，会被赋予其自身一定的象征意义，往往能反映出商业空间的内在精神含义。

(二)线式组合

线式组合是将体量及功能性质相同或相近的商业空间单元，按照线性的方式排列在一起的空间系列排列方式。线式组合是最常用的空间串接方式之一，适用于商业街及平层的商铺区，具有强烈的视觉导向性、统一感及连续性。统一元素风格的走廊、完善的导购系统等都是线性排列组合的常用手法。

(1)线式组合常用走廊、走道的形式在空间单元之间相互沟通进行串联，从而使消费者到达各个空间单元。

商业空间中过道的作用是疏散和引导人流，也影响商铺布局。商场过道宽度设置要结合商场人流量、规模等因素，一般商场的过道宽度在 3 m 左右。过道的指引标志主要作用是指引消费者的目标方向，一般要突出指引标志。特别在过道交叉部分，指引标志设计要清晰。通过过道和商铺综合的考虑，最大限度地避免综合商场内的盲区和死角问题，同时更加考虑到消费者在商场内购物的自然、舒适、轻松的行为过程和心理感受。

(2)线式组合经常与集中式组合配合使用，这类组合包含一个居于中心的主导空间，多个线式组合从这里呈放射状向外延伸。这种组合方式也称为“放射型组合”。

将线式空间从一中心空间辐射状扩展，即构成辐射式组合。在这种组合中集中式和线式组合的要素兼而有之，辐射式组合是外向的，它通过线式组合向周围扩展，一般也是中心式规则。以中心空间为核心的线式组合，可在形式长度方面保持灵活，可以相同也可以互不相同，以适应功能和整体环境的需要，它同样也受到建筑造型及结构形式的制约。

导购系统的设计，使识别区域和道路显得简单便捷。商业空间的室内设计中导购系统尤为重要，如果说商业空间是一部书，导购系统就是书的目录，它是指引消费者在商品海洋中畅游自如的导航灯。导购系统的设计应简洁、明确、美观，其色彩、材质、字体、图案与整体环境应统一协调，并应与照明设计相结合。

(3)线式组合也可以迂回通道式组合，多设立交叉路口的设计或者采用回路的方式。

四通八达的商业路网，可以使消费者在购物时快速到达要去的区域，可以增加更多行走路线的选择。线式组合的特征是长，因此它表达了一种方向性，具有运动、延伸、增长的意味，有时如空间延伸或受到限制，线式组合可终止于一个主导的空间或不同形式的空间，也可终止于一个特别设计的出入口。线式组合的形式本身具有可变性，容易适应环境的各种条件，可根据地形的变化而调整，既能采用直线式、折线式，也能用弧形式，可水平，可垂直，亦可螺旋。

（三）组团式组合

组团式组合通过紧密、灵活多变的方式连接各个空间单元。这种组合方式没有明显的主从关系，可随时增加或减少空间的数量，具有自由度。组团式组合是指由大小、形式基本相同的园林空间单元组成的空间结构。该形式没有中心，不具向心性，而是以灵活多变的几何秩序组合，或按轴线、骨架线形式组合，达到加强和统一空间组合的目的，表达出某一空间构成的意义和整体效果，适用于主题性较强的体验店、娱乐场等，令空间显得活泼、层次多样。

(1)组团式可以像附属体一样依附于一个大的母体或空间，还可以彼此贯穿，合并成一个单独的、具有多种面貌的形式。

(2)可以区分多个视觉中心，突出不同的产品展示，满足差异化区域。

(3)组团式布局使得空间有机生动，但是要合理安排交通流线，避免空间混乱。

四、商业空间处理手法

（一）空间的渗透与层次

空间渗透是指两空间没有完全分开，而是相互交融、互相沟通、巧于因借，强调空间的联系性。空间渗透主要运用外延、内引、过渡等手法，将围合空间的六界面中的某些界面延伸到其他空间，使两空间产生联系。例如，将屋顶外延到室外空间或将室外地面内引到室内空间，以此增强室内、室外空间的联系，达到空间的渗透。中国传统园林建造手法中“借景”的处理，也是运用空间渗透的观念，将别处的景物引到此处，利用视觉外延，达到空间渗透。现代建筑中大量运用框架结构，室内空间分隔形式自由灵活，而且在水平和垂直两个方向上都能相互联系、过渡，空间变化丰富，空间之间达到了立体穿插渗透。运用虚实变化的材料与手法，对空间灵活地分隔，使空间相互通连与渗透，呈现出丰富的层次变化。层次可以是水平或垂直的多维变化，空间界面可以是曲折、断续、悬挑、错位等，变化无穷。

（二）空间的对比与变化

多空间组合时，排列的空间应强调对比与变化，两个连接的空间在某个方面呈现出差异，凭借差异突出各自的空间特点，使人从一个空间进入另一个空间时产生新鲜感和快感。

空间对比的运用是为了加强重点空间形象的创造，使空间主次分明，一般可分为形状、方向、明暗、虚实、高低、开放、封闭等几个方面。

（三）空间的引导与暗示

空间的引导与暗示在空间组合时分两种情况影响空间的处理方式。一种情况是由于受地形、功能等因素的限制，可能导致空间的分散，使某些空间处于不明显的地位，对空间的连接需要加以引导与暗示；另一种情况是避免开门见山与一览无余的简单直白的空间处理，同样也需要引导与暗示，增强空间的含蓄与趣味。

空间的引导与暗示的方法一般有：①利用弯曲的墙面、道路等因素，把人流引向下一个空间。②利用楼梯、台阶等设施，引导与暗示下一个空间的存在。③利用灵活的空间分隔，产生丰富的层次，利用或隐或现的空间层次引导与暗示另一个空间等。

（四）空间的过渡与衔接

主要的空间进行组合时一般采用插入一个过渡性空间连接的方法，这样可以避免空间直白出现使人产生过于生硬和突然的感受。

过渡空间的特点是以联系为主要目的，不能过分突出，应采用简化的方法，空间应小一些、低一些，这样才不会产生喧宾夺主的印象。

过渡空间的形式是灵活多样的，它既可以是独立的空间，也可以是在某主空间的局部，利用虚拟空间处理手法将其限定出来的。

（五）序列空间及形态

序列空间是统摄全局的处理手法，是对一系列空间进行的有序的组织。序列空间以空间的实用性为基础，在此基础上强调空间对人的精神作用。

（1）序列空间的实用性与精神性表现在空间的大小尺度、空间的前后顺序与使用的关系，以及使用功能的合理性等方面上。

（2）序列空间在展开的整个过程中一般经历起始、过渡、高潮、终结四个阶段。每个阶段对人的精神作用是不同的：起始阶段是空间序列的开端，目的是强调、引起人们的注意力；过渡阶段是高潮阶段的前奏，是为高潮的到来所做的铺垫；高潮阶段是整个空间序列的重点，通过主要空间的崛起，使人的情感达到最高峰；终结阶段是空间的收尾，其目的在于使人们的情感得到缓冲，让人回味。精神性表现在发挥空间艺术对人的心理、精神的影响，就像乐曲一样，有起、有伏，有抑、有扬，有一般、有重点，使人自然地和空间序列产生情感共鸣，使人的情感得到抒发，对空间形态产生深刻印象。

五、消费行为的动线设计

商业空间规模日益增大，更多的功能和业态逐渐融入其中，而“商业动线”将不同功能与业态串联在一起，将客流运送到每一个商业节点，进而渗透到商业空间的每一个角落。良好的商业动线可以在错综复杂的商业环境中，为客流提供一条清晰的脉络，可让消费者在商业空间内停留的时间更久，降低其购物疲劳度，使其经过尽可能多的有效区域，使消费者购物的兴致、兴奋感保持在一个较高的水平。

动线，是建筑与室内设计的用语之一，人在室内、室外移动的点联合起来就成为动线。在商业地产中，动线就是商业体中客流的行为运动轨迹。良好的商业空间动线设计，可以让顾客在商业体内部停留时间更久，尽可能经过更多有效区域，降低顾客体力消耗，从而使其购物兴致、新鲜感、兴奋感保持在较高水平。一般而言，好的商业动线具有以下三个条件。

（一）增强商铺可见性

一个商铺的可见性强弱决定了这个商铺所在地段的租金价值的高低，一个商铺被看见的机会越多，位置就越好。

（二）增强商铺可达性

可达性和可见性是有联系的，可见性是可达性的基础，只有“可见”，才会有“可达”。因此，在可见的基础上，经过最少道路转换的路径可达性最高。

（三）具有明显的记忆点

增强动线系统的秩序感，从而增强顾客的位置感。在空间中提供给消费者明显的记忆点，让顾客能尽快找到自己想要去的商铺。

六、商业动线的分类

商业动线一般分为：①外部动线，联系商业空间外部人流及交通。②内部动线，联系商业空间内部人流及交通。

外部动线主要内容包括联系外部道路、停车场进出动线、行人动线系统、货车动线系统。内部动线由中庭动线规划及楼层动线规划两部分组成，主要内容包括平面动线、垂直动线和动线结合处。设计科学合理的商业动线是人流交通组织联系各承租户的纽带，可以使承租户创造出最大的商业价值。

(一)外部动线

1. 联系外部道路

在规划大型商业空间联外道路系统时，应考虑该项目周边道路现有的交通状况，主大门、侧门及广场尽可能面向主道，这样才能吸引人流及方便行人进出。联外道路与完善的交通运输网联结，能扩大商业空间的辐射范围，方便购物者到达及货料运送。

2. 停车场进出动线

一般规划停车场进出口时，应注意的事项有以下几项：

(1)出入口应设于交通量较少的非主道路上。若一定要设于较大车流量的道路上时，必须在出入口处向后退缩若干距离以便车辆进出，并应配合道路的车行方向以单进单出，避免进出在同一个进出口。

(2)采用效率较高的收费系统以节省车辆进出时间。汽车、摩托车操作特性不同，进出口应尽量分开。

3. 行人动线系统

行人动线系统分为以下几种：

(1)对于驾车的消费者，若消费者把车辆停放在购物中心附设的地下停车场内，应直接由升降梯或楼梯到达商业空间内部。

(2)若消费者把车辆停在较远的停车场，则应考虑其可能的动线，最好避免穿越交通量大的道路，可以用地下通道方式加以解决。

(3)对于乘坐地铁的消费者，商业空间的地下层最好与地铁出口连接，消费者可以直接由升降梯或楼梯到达商业空间内部。

(4)对于乘坐公交车或者步行的消费者，最好采用地下通道或者天桥的方式将线路连接起来。

4. 货车动线系统

从停车卸货开始经过商品管理，接着上升降货梯，到进入卖场仓库的这个过程是后勤补给动线。此动线的特点是要够宽敞，至少 180 cm，足够人员和推车通过；亮度要足够，一般要求为 300～400 lx；通道两侧壁面要做耐撞处理，地坪要平顺耐磨，使推车不受阻碍；而这条动线要尽量与一般消费者的汽车及行人动线分开。

(二)内部动线

1.中庭动线规划

中庭空间多位于各个道路形成的动线交汇点，是垂直交通组织的关键点和集散地，也是步行空间的序列高潮，这里人流集中、流量大，最有可能鼓励人流上行。富有趣味的垂直交通工具如玻璃观景电梯等，能在中庭空间创造活力和动感，常常会激发消费者登高的欲望。因此，中庭设计和中庭垂直交通能否促使人流向上运动，是上层商铺能否成功经营的关键。在此应利用照明及装修等塑造空间张力，使其成为商业空间的意象焦点。

2.楼层水平动线规划

楼层水平动线设计的目的是要使同平面上的各店铺的空间得到充分展示，使消费者能轻松看见商店内展示的细部。在大型购物中心内，建议使用专卖店或分功能、分商品品种的商店，使专场更紧凑。如果是有商业中庭的空间，要使店铺及招牌尽量都面向中庭展开，面向视觉焦点，以达到聚集效果。

另外根据消费者的人数，空间不应过窄以致感觉太过拥塞。人行主通道4～8 m宽较为合适。购物中心人行直线通道不应太长以至于令人打消由一端走至另一端之念头，要有一定的变化，开放式的沿街商店及其他方式能使卖场更富表现力。

3.楼层垂直动线规划

“垂直动线”是指商业空间内的垂直交通，主要是指运输人流的电梯设计，即扶梯和垂直电梯。在多层大型购物中心内，要诱使购物者离开低楼层，前往另一个楼层购物，不能产生一层卖得很好另一层却很差的情况。

垂直动线有各种形式，各有其特点及适用性：自动手扶梯提供购物者垂直方向上的连续动线，且能减轻购物中心内的拥挤情形，同时它连接不同水平标高的楼层，也能将位于下层的购物者视线引导至较高的楼层。自动步行道比自动手扶梯更好的地方在于它可以承载婴儿车及手推车，而且没有台阶。

在购物中心中，如果有大型超市的，最好是用自动步行道上下。垂直电梯比上述两者更为普通，且它所使用的面积比上述两者都少很多，顾客使用时也不太会紧张。若与自动手扶梯比较，它的运转费用也比较便宜。如果选用观光电梯，则电梯在移动时可以观赏景观，电梯对于连接楼层及停车场是非常重要的工具。

在垂直动线设计中，自动扶梯、电梯、步行楼梯及其他设备要搭配合理、分布均匀。中庭大堂配置自动扶梯，既有利于消费者上下，增加商铺可见度；又可增强空间立体感，有利于提升商场的回环度。在购物中心大门附近及中庭可配置观光垂直电梯，使顾客浏览购物中心内外的美景，激发消费热情。步行楼梯作为电动扶梯和电梯的垂直动线补充，可以设计为艺术造型，成为公共空间的一道风景。

自动扶梯作为商业空间最主要的垂直交通工具，配置时要注意消费者在每层的停留路线和时间。在自动扶梯或主道边要有该层的商铺位置和通道的平面图展示。消费者在某个自动扶梯附近能看到上楼或下楼的下一个动线连接，扶梯安置不宜太疏也不宜太密，一般而言，扶梯和电梯的数量以购物中心的面积大小和人流情况来决定。

七、购物中心的铺位布局规划与人流动线设计

（一）铺位布局规划

铺位划分需实现实用、利润、形象的统一。科学合理的商场铺位划分，不仅仅要体现商品组合的丰富多样，还必须考虑到经营商家的实用性与合理性，同时也要兼顾到独立铺位与整体商场的协调性与互动性。科学合理的铺位划分将会使经营商家的经营利润得以充分体现，使商场的形象更为鲜明、层次更为丰富，同时也将使得消费者的消费行为过程更加自然顺畅和轻松愉快。铺位布局应遵循以下原则。

（1）招商引进主力店，合理布局主力店的位置，利用主力店的影响力带动周边小商铺的人流量。

（2）面积按定位划分。应根据整个商场定位划分商铺的面积。

（3）研究目标消费者的行为，按其消费习惯进行不同业态的铺位布局。

（4）使用率适中。商场的实际商铺使用面积与建筑面积之比称为使用率。一般中档商场的使用率为60％，中低端商场的使用率达到65％，而高档商场使用率相对较低，基本在50％左右。

（二）人流动线设计

1. 平面人流动线规划

（1）平面布局的形态。大型购物中心的平面基本布局形式是：百货店、超市等作为主力店布置在购物中心的两端，沿步行街布置各类专卖店或商店。另

外，在长的步行街上隔一段距离布置有相当集客能力与吸引力的主力店，以使人们不断地有兴趣走下去，这也是重要的人流动线组织手段。

主力店是购物中心的灵魂店，其本身的知名度与经营特色是购物中心主要的魅力之一。主力店对于引导人流起着关键作用，其布局直接影响到购物中心的形态，被称为“磁极”与“锚固点”，而把主力店放在步行街的尽端是人流动线设计的主要手段之一。

购物中心主要的四种平面形态：①风车形布局。②哑铃形布局。③L形布局。④十字形布局。这种分类是按主力店的位置和数量来区分的，第一类风车形布局与第二类哑铃形布局，主力店一般为两个，布置于商场平面的两端。第三类L形布局，主力店为三个，布置于商场平面的两端及中间。第四类十字形布局，主力店为四个，分别布置于商场平面的四角。

(2)中庭对平面人流动线的作用。中庭设计在购物中心中的作用非常大，它在购物中心平面人流动线、垂直人流动线、空间及环境设计中都占据着至关重要的作用。

中庭主要有“圆形”“方形”及“不规则形”几种形态。一个购物中心可以根据需要设计多个中庭，各中庭大小不同。通常有“一大一小”“一大二小”“一大三小”等多种形式。

中庭设计旨在营造购物中心的中央空间，中庭是购物中心交通量最大的一个点，在策略地位上用来提高购物中心的人流量。由于中庭有中空通透的效果，对提高消费者对各层商铺的可见性、可达性起到非常重要的作用。

中庭的装饰设计往往都非常精彩，富有极强的视觉冲击力。而配合设置饮食区、儿童商品与游戏区、流行时尚与促销商品区、运动用品区、电影院等聚集人气的空间。消费者身处在中庭空间时，将经历愉悦与丰富的视觉享受与购物享受。

规划商铺布局时，尽量减少第二排店铺。高档的购物中心都采用沿步道或中庭布置店铺的方式，使多数店铺成为“第一排店铺”。

2. 垂直人流动线设计

(1)垂直交通组织。垂直交通工具主要有三种，即自动扶梯、电梯、步行楼梯。垂直交通工具是垂直人流运动的载体。

购物中心里的自动扶梯充当了最重要的垂直交通工具。自动扶梯通常布置于中庭，多数采用剪刀形上下，自动扶梯一般每隔 20～40 m 布置一组上下梯，以方便人群上下流动，使人们经过较多店铺。自动扶梯具有以下作用：①提供购物中心人流向上的方式和连续动线。②对购物中心起到人流引导、拉动的作用，将顾客的视线拉向高处。③是购物中心这个固定的空间和室内流动着的人流之间的交汇，表现着空间内的流动感。④扶梯上的人可以看到各层商铺和各层购物的人，是各层人流和商铺之间的视线交点。⑤顾客在扶梯运输的过程中能够全景式地体验购物中心的空间装饰和氛围。

电梯也是购物中心重要的垂直交通工具。一般购物中心设有 1～4 部电梯，电梯通常集中布置在中庭或者购物中心平面的边角处。由于电梯起到快速输送消费者到另一个楼层的作用，对于购物中心延长消费者的动线距离与停留时间没有帮助，所以设计电梯时，一般考虑设置在消费者不易发觉的区域，以促使消费者尽量使用中庭的自动扶梯为垂直交通工具。

步行楼梯一般作为辅助的安全通道，消费者一般选用自动扶梯或者电梯为垂直交通工具，步行楼梯很少被消费者使用。

(2)中庭是垂直交通组织的关键点：①中庭是整个空间序列中的最高潮，是购物中心的焦点场所，是最能刺激逛街人潮在楼层间进行垂直移动的场所。中庭也自然成为布置垂直交通工具的最佳场所。②在中庭可以构造出戏剧性的垂直动线效果，大大增强吸引力。如果在中庭空间里，巧妙地安排一些机构，作为吸引逛街人潮的卖点(如可供饮食的空间、溜冰场)，就能达到目标。③将餐饮、卡拉 OK 及主力店设置于较高楼层，是吸引消费者选用垂直交通工具向上层走的常用手段。

(3)垂直商品组合对垂直人流动线的影响：①不同的主力店铺安排在不同的楼层，依靠不同主力店铺特色吸引消费人群上下，这种方式广为应用。②有些主力店往往不是占满某一层，而是占据几个层面的一半或几分之一。这样布置的好处是使主力店在多个层面发挥作用、汇聚人流，这种组织人流方式应用非常广泛。③在较高楼层布置一些景点、设置少量休息座椅等，也是引导人流流动的有效手段。④在较低楼层扶梯处竖立位于较高楼层的主力店铺的广告牌，以吸引人流向上。⑤现代许多购物中心的电影院入口位于首层，但出口均在较高的层次，这也是引导人流向上走的方法。

第五章
展示设计的表现与实施

第一节　手绘效果图的表现

一、效果图速写技法

效果图速写也即徒手画，是快速表现展示效果的简捷方法，亦是将构思和概念表达在纸上的有效方法。它能够快速记录设计师头脑中灵感的火花，而设计的灵感部分又依赖于平常速写画所积累的丰富知识。速写画更是设计的前期表现，有助于设计师在它的基础上深入分析和思考，推敲设计，做出更完美的方案。同时，速写画以其快速、多样的特点，丰富了设计师的语言，开拓了设计师的想象力与创造力(图 5-1)。

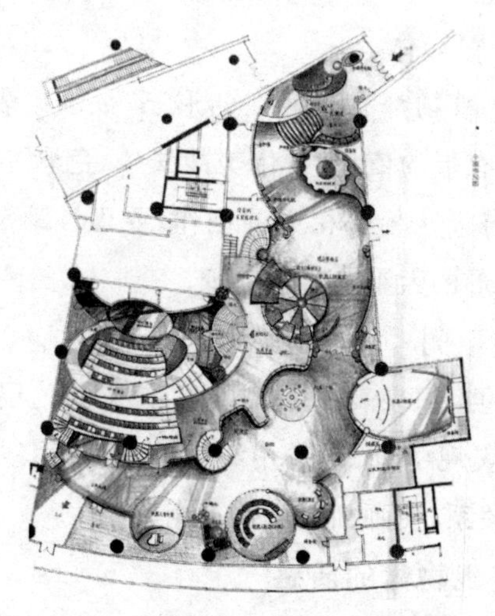

图 5-1　展示设计手绘平面图

速写画以线条为形式载体,线即速写画的语言。线是具有个性的,又有无限的表现力。它或粗或细、或曲或直、或长或短,刚柔并济,虚实相生。线条的组合可形成变化丰富的画面,具有极强的表现力(图 5-2、图 5-3)。

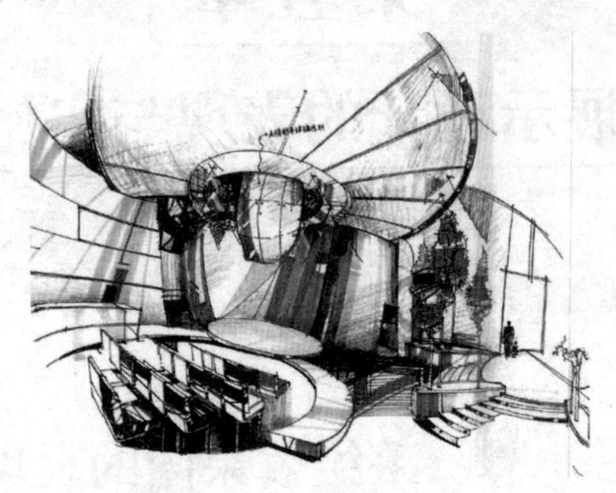

图 5-2 线条的组合(一)

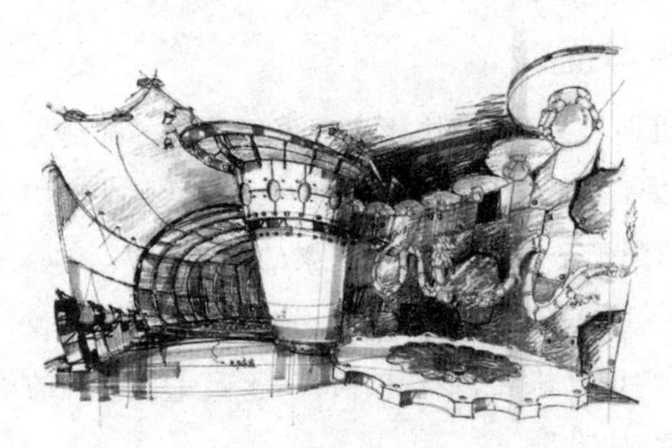

图 5-3 线条的组合(二)

(一)运用线来把握形体

形是画面的核心。事物都有其存在的形态,欲准确表现空间关系与物体,就应该把握好形体,没有形的依托,再优美的线条、色彩亦无法准确传导设计意图。展示设计是理性与感性相辅相成的创作,要理性地分析与总结,结构关系要交代清楚,正确反映形的大小、比例、特征。

(二)用线来组织空间

速写画可通过线的组织来表现空间结构,使空间的层次丰富。如用粗实线表现近景,细线、虚线表现中景,远景用线宜疏,近景用线宜密。疏密线条在画面上形成黑、白、灰的关系,使画面更生动。

(三)用线条来表现物体的质感

线可以通过其性质和方向的变化来表现物体的质感。软物体用曲线等表示,刚硬平滑的物体用刚挺的细直线来体现,粗糙的物体宜用虚线及侧锋来表示等。手法是多样的,可通过学习中国画的方法来领悟其中的韵味。

二、画面的构成

1. 视觉中心

视觉中心通过对画面进行主观的艺术处理来突出某一区域,如虚实对比、构图诱导、重点刻画,从而将观者的注意力引向构图中心,形成强烈的聚焦感。这个中心可以是优美的造型、独特的陈设、别致的材质。

2. 画面分割

在平面二维空间的画面中描绘三维空间,进行有限的形态与体面的构图分配时,有关空间的分割形式尤为重要。它是不同面积在画面上的排列组合,有严谨的条理性与秩序感,又有一种富有表现力的节奏感。画面分割的实质即抽象几何图形的设计,关键在于画面上各种比例的均衡搭配。

3. 黑白搭配

黑白搭配因其产生的独特魅力而备受人们青睐。无论是中国画还是西方版画、素描,都是以黑白及其调和而成的深浅不同的灰色形成对比,构成丰富画面的。

4. 点、线、面的组合

点、线、面的存在是相对的,而非绝对的。它们没有大小、形态的界定,只有形与形之间的内在联系与对比关系。如小的面积相对于大的面积即为点,大的面积相对于小的面积又为面,线亦如此,图 5-4、图 5-5 结合展现了以上构成元素。

图 5-4 画面构成(一)

图 5-5 画面构成(二)

第二节 电脑辅助设计

电脑辅助设计技术,主要指设计师所掌握的应用于设计过程中,有助于设计工作的展开,并将设计的结果诉诸现实的电脑技术。对展示设计而言,在过去,设计手段还是相当简单的。设计的过程主要还是依靠设计者的大脑以及铅笔和丁字尺。设计的过程和结果的表达主要还是依赖手工绘制图纸、表现图(或预想图)和模型等。一个大型展示的设计工作,常常需要大量的人力来完成设计的各个过程。尤其是在设计过程中,对设计方案的修改更是耗费了设计师的大量精力。而电脑辅助设计技术的运用,在很大程度上改善了这种状况。

20 世纪 80 年代后期,电脑开始成为各种设计的主要工具之一。尤其随着个人电脑(PC 机)的普及,大量的制图、表现图的绘制,乃至三维动画的制作都可以由电脑来完成。电脑大大地减轻了设计师的劳动强度,提高了工作效率。个人电脑因为价格较低,普及率高,很快得到了推广。与此同时,各专业领域内也出现了各种辅助设计的专用软件。电脑在设计上的广泛运用,改变了以往设计过程中一些常见的程式,如电脑三维立体模型及动画软件的普及,在一定程度上代替了手工绘制效果图和模型的制作(图 5-6、图 5-7)。电脑的应用成为设计师必不可少的一种技能。

图 5-6　展示设计中电脑辅助设计实例(一)

图 5-7　展示设计中电脑辅助设计实例(二)

20 世纪 90 年代后，随着各种设计专业软件的不断完善，各个设计专业都具备了用于专业设计的专业软件，原电脑辅助展示设计先以手工的方式进行的设计工作都可以在电脑上完成。凭借着越来越强大的电脑功能，展示设计的过程与方法也在不断发生变化。由于展示设计是一门综合了室内设计、平面设计、环境设计等多门类、多学科的综合性设计，因此在电脑辅助设计上也同样运用了多个专业的软件。

一、用电脑辅助设计展示空间

以往展示环境的空间设计往往是以平面的方式进行的，虽然可以在平面图上推断出展示环境的空间效果，但对于一些空间关系复杂、具有多个层面的展示环境来说，平面图的效果就不是很直观了。用电脑辅助设计的方法，可以借助三维图形来研究、推敲和直观地检验各个展示环境的观赏视线及效果，对展示空间做出评估，甚至可以用俯瞰等角度来全面审视展示环境的空间效果(图 5-8)。

图 5-8 展示空间设计实例

二、展示区域的造型及细部设计

在展示设计中，各个展示区域内的各种展台、展架、隔断等设施的设计也是展示设计的一个重要内容。借助电脑辅助建筑或室内设计的软件，可以方便地进行这些方面的设计(图 5-9～图 5-11)。借助一些绘图软件(如建筑设计中常用的 AutoCAD、3D MAX 等)不仅可以在设计过程中生成不同角度的效果图，而且可以为后期施工图的绘制提供极大的方便。

图 5-9 展示设计中电脑辅助设计画面构成

图 5-10 展示设计中电脑辅助设计实例(一)

图 5-11 展示设计中电脑辅助设计实例(二)

三、展示环境的照明设计

展示环境的照明是保证展示艺术效果的重要前提,而照明的问题在以前的设计中往往是凭借经验和粗略的计算来完成的。由于环境空间的复杂性及展示艺术对照明要求的提高,如对照明的照度、色温及照明范围的控制等,往往使设计者无法以较精确的方式进行设计。借助电脑辅助设计的软件(如Lightscape、3D VIZ 等),不仅能以直观的方式对展示环境的照明进行设计,而且可以对光源的色温、照度、照射范围等进行设置,从而生成逼真的照明效果图,供设计者比较、决策,从而大大提高展示照明设计的质量(图 5-12)。

图 5-12 展示环境中的照明设计

四、展示版面的电脑设计

版面是展示内容的一个重要方面，也是展示中信息传达的主要方式。版面设计更多地与平面设计有关，而平面设计是最早应用电脑设计的领域，也是设计软件最完善的领域。电脑设计包括版式的设计、文字的处理及图像的处理等方面。尤其在图像的处理方面，电脑具有其他方法无可比拟的优点。利用电脑平面设计软件，不仅可以对图像的明暗对比及色调等进行随意调整，而且可以复制、修复，甚至创作新的图像。结合高精度的彩色喷绘设备，可以制作出精致的版面，使制作展示版面工作的效率大大提高。

五、虚拟现实的表现技术

电脑技术在设计领域应用的革命性进展将可能是计算机技术发展中最令人向往的一部分——“虚拟现实”(VR)技术的应用。

“虚拟现实”是利用电脑和软件创造一种虚拟环境，它可以虚拟一个展示的环境，还可以虚拟各种不同的照明效果，也可以虚拟一尊雕塑在某一空间中的光影效果等。这种虚拟的过程，使我们可以利用它来替代许多繁杂的设计表现，也可以直观地评价和预示设计结果。在这些方面，计算机能够比人做得更好、效率更高。目前，“虚拟现实”在展示设计中主要用以对设计的结果进行预示，也就是以逼真的电脑效果图的形式来表达设计师的构想。

第三节 展示设计施工图的绘制

一、展示设计施工相关基本知识

(1)展板：规格 60 cm×90 cm、90 cm×120 cm 或不规则；画面 36 dpi、72 dpi 和 120 dpi。

(2)灯具(电料)：长臂射灯、日光灯、小太阳、筒灯、舞台聚光灯、电脑灯、霓虹灯、串灯、插座、护线套、电闸箱。

(3)地面：展毯、木地台、发光地台、木地板、草皮。

(4)视频：电视墙、等离子电视、背投电视、投影仪(正、背)、普通电视、音响、功放、DVD 机。

(5)美工：即时贴、苯板、板芯、灯箱、有机板、PVC 板、不锈钢字、铁字、铜字。

(6)材料:方钢、不锈钢管(板)、大芯板、三厘板、六厘板、九厘板、防火板、铝塑板、洞洞板、玻璃(磨砂、透明)、阳光板、有机板、灯箱布、透光布、木龙骨。

(7)体现主题:科技、古老、高雅、时尚、现代、实力、通透、自然、抽象。

(8)色彩:主色调、辅助色、灯光氛围。

(9)展台内部:面积、主通道、柱石。

(10)区域:接待区、洽谈区(封闭、不封闭、半封闭)、展示区(图片、产品)、储藏间、视频区、主形象及副形象区(图 5-13)。

图 5-13　展台区域实例

(11)图纸内容:正面图、侧面图、俯视图、内部图、平面图、文字说明。

二、展示设计制图

展示设计需要绘制的图主要包括平面图、立面图、剖面图、详图、动线图等。国家规定的空间设计图图纸为 5 种规格:A0 图纸(841 mm×1189 mm)、A1 图纸(594 mm×891 mm)、A2 图纸(420 mm×594 mm)、A3 图纸(297 mm×420 mm)、A4 图纸(210 mm×297 mm)。特殊情况的图纸可按比例加长或加宽。

(一)平面图

平面图是假设一个水平的剖切平面,将空间沿水平方向剖切后去掉以上部分,是由人眼自上而下看去而绘制成的水平投影图像。平面图是以二维空间设计的图纸,在展示设计中,展馆平面图是体现整个展示规模、区划和构成的整体蓝图,是进行后续各项工作的重要基础和依据。所以,对平面图纸的设计、审核必须倍加用心。平面图内容包括划分区域、展品物展示方式、尺寸关系等(图 5-14)。

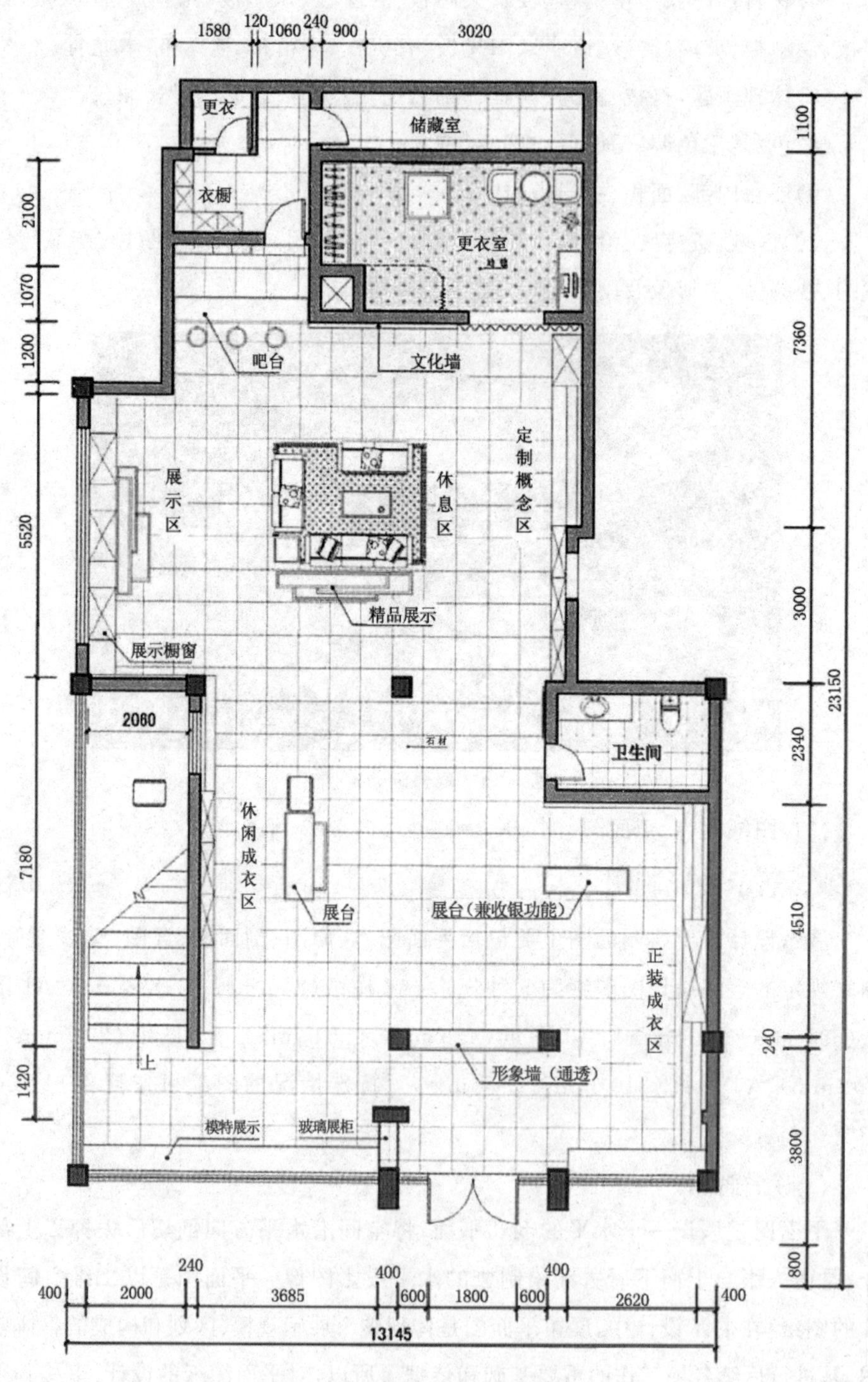

图 5-14　展示设计中的平面图

划分区域包括各展馆及各展区的方位、各参展单位的摊位和各组成部分(序厅、各分展馆、礼品部、演示区、服务区、洽谈区等)的合理区域分布。区划方位时应考虑参观动向路线和展示总体效果。

展示物展示方式的内容包括展示物占有空间的大小,展示物占有空间的位置、角度,展示物对于观众呈现的秩序。展示所占据的空间分室内和室外两部分。室外空间包括建筑物、通道、绿地等,室内部分包括建筑物平面图、展示区域划分等。

平面图的尺寸标注包括:①展示空间总体尺寸、轴线符号。②建筑物的总体尺寸和各开间的尺寸。③展示物的空间占有尺寸。④剖面符号和详图索引符号。

(二)立面图

立面图主要表达建筑物立面空间与摊位立面空间的划分关系,其中包含展示框架的造型要求及展品的立面位置等,如图 5-15 所示,由建筑室内立面、展示框架、展品造型组成。常用比例有 1∶100、1∶200 等(图 5-16)。

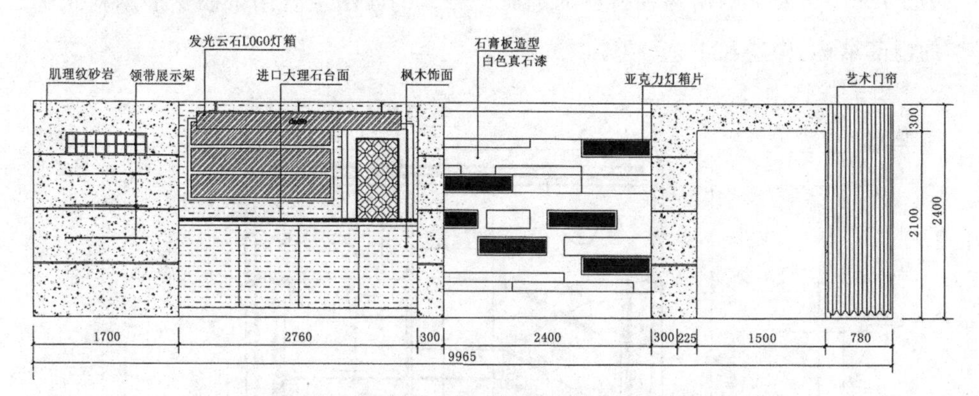

图 5-15　展示设计立面图

图 5-16　展示设计效果图

1. 立面图的线型

建筑物可见轮廓线用粗实线表示，展示框架轮廓线用中实线表示，展品用细实线表示。

2. 立面图的尺寸标注

(1)建筑物的总高、总宽尺寸，各开间、柱的空间尺寸、层高尺寸和标高尺寸。

(2)展示框架的高度、宽度尺寸，框架的主要部分的造型尺寸(包括标高尺寸)。

(3)展品的高度、宽度占有空间尺寸。立面图分室内墙立面图和室内剖立面图，视要求而定。

(三)剖面图

剖面图一般与平面图和立面图结合起来表达设计的细节。当剖面图大小为 1∶50 时，要求画出各种材料的剖面符号。剖面图主要用来表达展示构筑物的内部结构、构造和工艺(图 5-17)。

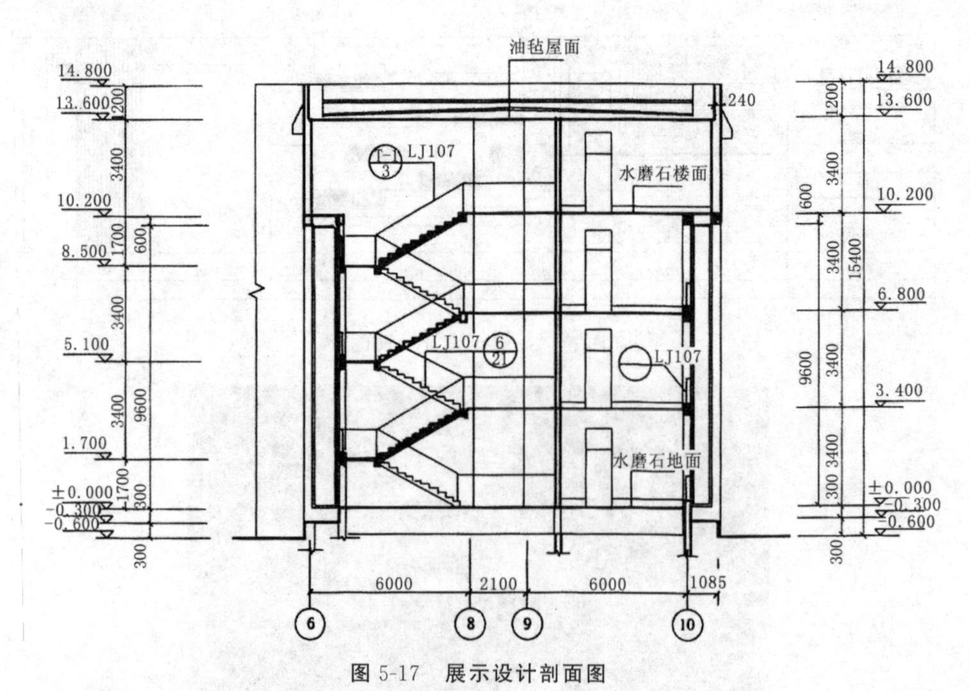

图 5-17 展示设计剖面图

1. 剖面图的线型

剖面外轮廓线用粗实线绘制，内部用细实线按国标画出各种材料的符号，没有剖到的其他结构或造型的轮廓线用细实线绘制。

2. 剖面图的尺寸标注

(1)被剖建筑物的外部总尺寸和轴线尺寸。

(2)垂直方向总体尺寸和标高尺寸。

(3)被剖展示造型的主要结构尺寸。

(4)详图索引符号等。

(四)详图

详图是指某部位的详细图样，用放大的比例画出在其他图中难以表达清楚的部位。详图是对平面图、立面图补充的具体图解手段。各细部详图的设计是整个设计过程总的重要组成部分，是完善施工质量的重要依据。

详图的三个基本要求：一是图形详，图示的形象要真实正确；二是数据详，准确无误地表达尺寸标注、规格尺寸、轴线和索引符号等；三是文字详，凡是图示难以表达需要文字表达的，都应该简明和完善。

详图的两个基本内容：①表明各构造的连接方法和其对应的位置关系，以及详细的尺寸数据。②表明节点所用材料、规格、施工要求、制作方法等。

(五)参观动线图

参观动线在通常情况下与平面图统一出现在同一张图纸上，有平面图可见展区各部分之间量的比例关系。同时，对于展示各大组成部分的合理分布起着统调与节律的作用。参观动线的面积与实际展览面积的比例应根据展示面积来定(图 5-18)。由于展示活动的性质不同，展示内容和参观观众的多少也不同，其空间安排应灵活掌握。

图 5-18　展示设计实例

(六)展具设计制图

1.展具设计制图

展具包括陈列橱窗、陈列柜展台、灯箱等(图 5-19、图 5-20)。展具制图主要表现展橱的长、宽、高 3 个方向的尺度与造型的要求。因此,这类制图采用三视图的形式绘制较适宜。

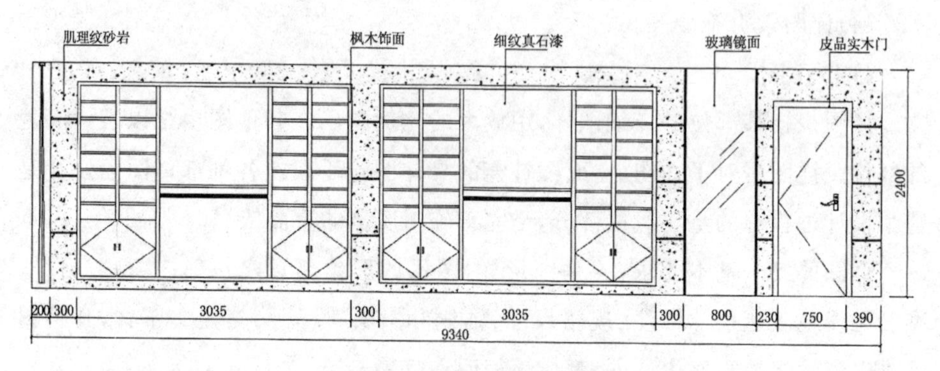

图 5-19 展具设计制图实例(一)

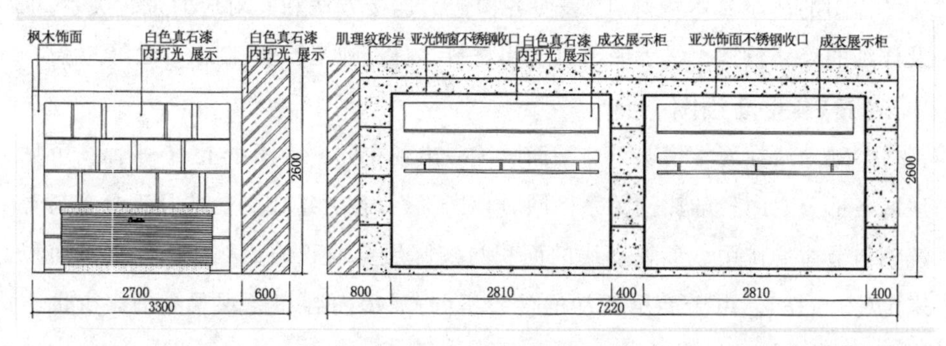

图 5-20 展具设计制图实例(二)

(1)线型要求外框用粗实线,细致部分用细实线。玻璃材料要求画玻璃表示符号。

(2)尺寸要求。总高、总长、总宽、地台格尺寸、材料细部尺寸。

展橱设计制图往往需要用详图来表达节点的结构和制作方法。

2.框架结构设计制图

框架结构分标准件框架结构和非标准件框架结构两大类,其用途是分别展示了空间、制造视觉焦点等。当比例为 1∶100 时,可用粗实线画出。当画详图时要求画出轮廓线或中心轴线。

尺寸标注:当菱形排列时,要标注总高度、总长度、总宽度尺寸和单位菱形的边长尺寸。

(七)版面展示设计制图

版面展示主要是展板的造型设计,比例一般为 1∶5~1∶20,与建筑物结合总展带比例为 1∶100。展带设计制图主要用立面图表示,展板施工过程也需要剖面图和详图表示,应视需求而定。

1. 线型要求

外线框用粗实线,展板用中实线,图片和展框用细实线。

2. 尺寸标注

第一道尺寸线标注建筑物高度尺寸,第二道尺寸线标注展板高度尺寸,水平方向标注各自的空间尺寸,必要时应标注天花板的标高。

三、绘制工程图的步骤

图片线型和尺寸标注要注意图片尺寸精确,以标注面积尺寸的形式表达。图片矩形用细实线绘制,中间画一对角线表示占有的面积,在对角线上标注面积。

手绘工程图的绘制步骤如下:①选择合适的比例与图幅。②确定承重展墙柱的定位轴线。③按平面图线型要求,由外向里由横再竖逐层绘出。④画尺寸线,标注尺寸、门窗代号、标高和定位轴线序号、详图索引符号。⑤检验校对时加深图线。

利用设计软件进行展示设计制图、制作设计效果,如图 5-21 所示。

图 5-21　展示设计实例

第四节 展示设计模型的制作

展示模型是依照展示空间和展示物的形状与结构，按一定比例制成的立体展示效果。展示模型是对展示效果的检验，可以表现平面预想图效果中无法表现的三维空间效果，给观众留下更深刻的印象。要获得满意的展示空间效果，展示设计师必须掌握展示模型制作工艺，能自己动手或指导工人制作完成展示模型。

一、展示模型制作工具

专业的模型制作在工作室利用机器辅助来完成(图 5-22)。

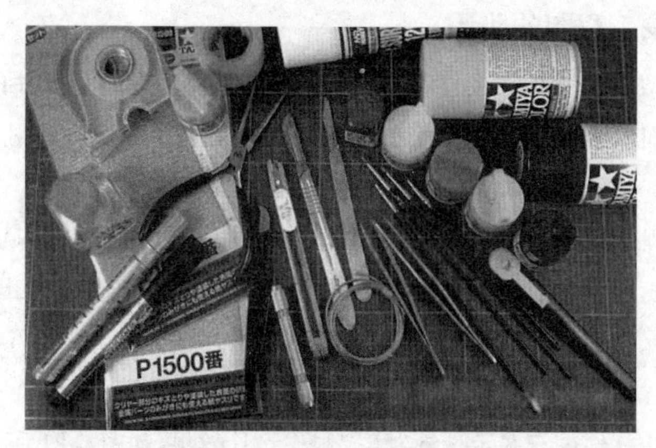

图 5-22 展示模型制作工具

(一)切割工具

工具刀、单双面刀片、手术刀、尖头木刻刀与电热锯、电动线锯等。

(二)辅助工具

定位用的钢板尺、三棱比例尺、打磨修整有机板用的什锦组锉、台虎钳、手电钻、电吹风以及各类黏合剂等。

二、展示模型制作材料

(一)常规制作材料

木材、纸张、有机玻璃、石膏、KT 板、地板革、海绵、布料、不干胶纸、金属、石材、柴草、砂纸、各种有色镜面玻璃、金银箔纸、塑料管材及板块等(图 5-23)。

图 5-23　展示设计模型

(二)适合使用的基础材料

(1)聚苯泡沫塑料块,主要用于模型实体部分的毛坯。

(2)涤纶纸、即时贴、吹塑板(纸)、绒纸、砂纸、彩色橡皮块、橡皮泥、海绵、固体石膏及泡沫板等。

(三)灯光显示和电动装置

安装电珠、彩灯泡、霓虹管或荧光灯管,借助彩灯控制器、光电控制器等装置,使模型动起来(图 5-24)。

图 5-24　展示设计模型灯光实例

三、材料加工制作

(一)模型底盘的加工方法

展示模型底盘一般是以木制底盘为基面,在上面粘上绒纸、吹塑纸或有机玻璃、茶色玻璃、即时贴等材料制作而成。根据不同地面材质的要求,决定模型底盘的色彩及肌理,如以红色绒纸做地毯,以绿色、深灰色绒纸做草坪绿化用,深灰色吹塑纸做道路、广场(图 5-25)。

图 5-25 展示设计模型

土丘坡地底盘是在木制底盘的基础上,按土丘坡地的等高线用泡沫、吹塑纸或石膏等为填充材料垫起坡度,再在其上粘铺地面材料,最后以水粉色和锯末等做效果。水面底盘的处理,是将深蓝色有机玻璃粘铺于底板上,再粘上地面材料,空出水面部分。大面积广场底盘是采用吹塑纸、砂纸或有机玻璃、茶色玻璃做地面材料,处理出不同质感的纹理,粘在底板上。

(二)主体结构加工方法

1. 纸材的加工方法

纸材的加工主要用刀具裁切,用模型胶粘接。用较硬的瓦楞纸、吹塑纸、模型卡纸等做主体结构。

2. 有机玻璃及 PVc、ABs 模型板材的加工方法

此类材料的加工靠机器或手工裁切加工均可,用胶水粘接。用透明有机玻璃,通过火烤加热,弯折成弧形或所需角度,可加工展橱、建筑天窗、角橱或透光风雨棚等(图 5-26)。

图 5-26　展示设计模型

(三)细节深入加工方法

各类金银即时贴、锡箔纸、细纹纸和壁纸等纸材可做装饰用。金银纸主要制作铝合金门窗与金字,通过卷曲的金银纸可制作不锈钢立柱,细纹纸与壁纸主要用于墙壁、天花板。用大头针在各色吹塑纸上刻画平行、垂直、倾斜的条纹或肌理,可制作瓦、墙面、壁砖、广场、停车场及人行道等。另外,利用尖头木刻刀或工具刀在各色有机玻璃上刻画所需规格的格子或条纹,再将白色水粉填入刻纹内,擦净其表面,可加工成玻璃幕墙或地面。将各有色玻璃加工成 90°的锯齿形断面,制作台阶(图 5-27)。

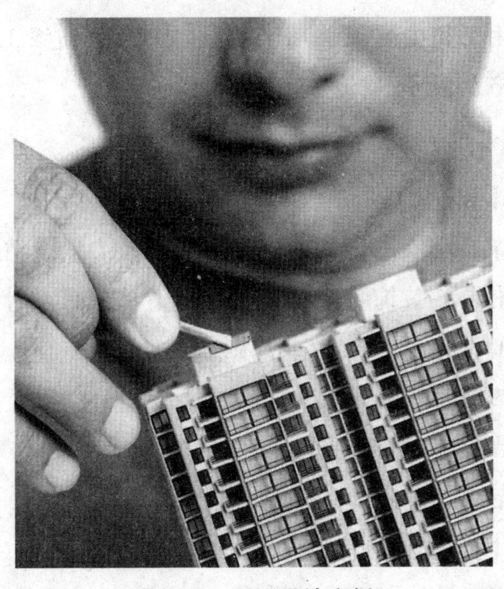

图 5-27　展示设计实例

第五节　展示设计工程预算

一、展示设计工程预算的作用

展示设计工程预算是展示设计工程招（投）标工程量清单计价的依据，是施工单位与业主（甲方）工程结算的依据。

经业主认可的展示设计工程预算，是双方装饰工程结算的依据。单位工程完工后，根据变更工程增、减调整报价，进行结算。

展示设计工程预算还是项目工程成本核算和成本控制的依据，也是施工单位编制计划、统计和完成施工产值的依据。

二、展示设计工程预算的内容

（一）编制说明

工程概况，施工图纸、施工组织设计或施工方案，采用定额、单价及费率，工作日数量及金额，主要材料数量和采用价格，定额换算依据和补充定额单价，取费费率计算标准和依据，遗留问题及说明。部分项工程报价表中包括施工图工程量、定额单价、合价、总计、取费项目等。

（二）工料分析

主要材料需用量，如钢架、防火板、玻璃、木地板、细木工板、装饰夹板和主要五金件等；综合用工和主要工种用工数量，如木工、油漆工等；安装工程列出设备、灯具品牌规格及型号、数量等。

三、工程量计算

（一）工程量计算总则

（1）工程量计算必须依据国家标准《建设工程工程量清单计价规范》（GB 50500—2013）中“附录 B 装饰装修工程工程量清单项目及计算规则”或所在地政府部门指定的“工程量计算规则（或原则）”规定计算。

（2）依据采用的定额分部分项计算。

（3）所列工程数量应详细说明材料规格、型号，如工程数量不能准确量度计算，则应说明为暂定数。

（二）工程量计算的依据

（1）经审定的施工设计图纸及其说明。

(2)经审定的施工组织设计或施工技术措施方案。

(3)经双方同意的定额单价及其他有关文件。

(三)工程量计量单位

(1)以体积计算的为立方米(m^3)。

(2)以面积计算的为平方米(m^2)。

(3)以长度计算的为米(m)。

(4)以重量计算的为吨(t)或千克(kg)。

(5)以件(个或组)计算的为件(个或组)。

四、工程量计算方法

为了便于计算和审核工程量,防止遗漏或重复计算,根据工程项目的不同性质,按一定的顺序进行计算。通常采用以下三种不同顺序计算工程量:

(1)以图纸左上角开始,依图纸的顺时针方向开始计算。

(2)在图纸上按先横后竖、从上而下、从左到右计算。

(3)按照图纸上的轴线编号,按分类顺序计算。

展示工程量有大有小,如只有两个标准展位的工程量清单内容就会很少。以上介绍的方法和内容是通用的。另外值得一提的是,展示工程的计算还包括租赁的物品,如展架、桌椅、灯具等,这也是应计算在工程量里的。

第六节 展示设计的施工监理

一、展示设计施工工程的内容和任务

由于展览会的特殊性,展览工程工期短,现场施工时间有限,所以施工工作必须在进馆布展前就要做好充分的准备。大部分的装修制作应该在进馆布展之前完成,而进馆布展时则以组装拼接为主。因此,安排工期应留有余地,切不可因前期工作准备不足而造成仓促进馆布展,以致无法按时完工,给参展商造成无法挽回的损失。要严格把握工程质量关,高水准的设计要依靠高质量的装修来实现,要把工程当作精品来做,因此,施工的精细程度将直接影响整个展位的效果。在施工中,各种材料的使用要符合展会安全要求,如易燃材料等应提早按要求进行防火处理,电路部分应使用符合规定的电源线等。施工中还要注意不得损坏展馆的任何设施,展馆的地面和墙面绝不允许钻孔或打钉子。这些

相关的要求目前还没有一个绝对统一的施工规范，不同的展馆要求也不尽相同，所以更要将准备工作做得细致无误。

展示设计的施工工程主要任务是完成展示设计图纸中的各项内容，即将设计师在图纸上反映出来的意图加以实现。设计人员应对展示工程的工艺、构造及实际可选用的材料有充分的了解。施工人员应对装饰设计的一般知识有所了解，并对设计中所要求的材料的性质、来源，施工配方、施工方法等有清楚的了解。监理人员除了具备与施工人员相同的知识结构外，还必须熟练掌握展示设计的施工工程监理工作过程及方法。

二、展示设计施工工程监理的工作内容

（一）对设计的基本要求

（1）展示设计的施工工程必须进行设计，并出具完整的施工图设计文件。

（2）展示设计的施工工程由于设计原因造成的质量问题应由设计单位负责。

（3）展示设计应符合消防、环保、节能等有关规定。

（4）展示设计必须保证展台、展区的结构安全和主要使用功能。当涉及主体和承重结构或增加荷载时，必须对展台结构的安全性进行核验、确认。

（5）展示设计的施工工程的防火设计应符合现行国家标准的规定。

（二）对施工管理的基本要求

（1）承担展示设计施工工程的单位应具备相应的资格，并应建立质量管理体系。施工单位要根据设计图纸进行施工组织设计，报施工监理单位和业主认可。施工单位应按有关的施工工艺标准或经审定的施工技术方案施工，并应对施工全过程实行质量控制。

（2）承担展示设计施工工程的人员应有相应岗位的资格证书。

（3）展示设计的施工工程施工质量应符合设计要求和相应规范的规定。

（4）施工单位应遵守有关施工安全、劳动保护、防火的法律法规，应建立相应的管理制度，并应配备必要的设备、器具。

（5）展示设计的工程施工过程中应做好半成品、成品的保护，防止污染和损坏。

（6）展示设计的施工工程验收前应将施工现场清理干净。

（三）建筑装饰装修工程验收

专业监理工程师应对承包单位报送的分项工程质量验评资料进行审核，符

合要求后予以签认;总监理工程师组织监理人员对承包单位报送的分部工程和单位工程质量验评资料进行审核和现场检查,符合要求后予以签认。

当建筑工程质量不符合要求时,应按下列规定进行处理:

(1)经返工重做或更换器具、设备的检验批,应重新进行验收。

(2)经有资格的检测单位检测鉴定能够达到设计要求的检验批,应予以验收。

(3)经有资格的检测单位检测鉴定达不到设计要求,但经原设计单位核算认可能够满足结构安全和使用功能的检验批,可予以验收。

(4)经返修或加固处理的分项工程,虽然改变外形尺寸但仍能满足安全使用要求的,可按技术处理方案和协商文件进行验收。

(5)通过返修或加固处理仍不能满足安全使用要求的单位(子单位)工程,严禁验收。

(四)展示工程应用的相关标准和规范

(1)《建设工程监理规范》(GB 50319—2013)。

(2)《建筑工程施工质量验收统一标准》(GB 50300—2013)。

(3)《建筑装饰装修工程质量验收规范》(GB 50210—2018)。

(4)《住宅装饰装修工程施工规范》(GB 50327—2018)。

(5)《钢结构工程施工质量验收规范》(GB 50205—2001)。

(6)《建筑设计防火规范》(GBJ16—87)。

(7)《建筑内部装修设计防火规范》(GB 50222—2017)。

(8)《木结构试验方法标准》(GB/T 50329—2012)。

(9)《房屋建筑制图统一标准》(GB/T 50001—2017)。

参考文献

[1]卫东风. 商业空间设计[M].上海:上海人民美术出版社,2016.

[2]吴卫光,王晖.商业空间设计[M].上海:上海人民美术出版社,2017.

[3]林静,杜鹃,陈璞.商业空间展示设计[M].北京:机械工业出版社,2011.

[4]赵智峰,罗昭信.商业空间展示设计[M].北京:中国纺织出版社,2019.

[5]李远,白月.商业展示空间设计[M].北京:中国轻工业出版社,2020.

[6]矫克华.展示空间设计[M].成都:西南交通大学出版社,2020.

[7]单宁.展示设计[M].2 版.武汉:华中科技大学出版社,2020.

[8]郑念军,于健.展示设计[M].上海:上海人民美术出版社,2018.

[9]韩文涛.展示设计——专题与实务[M].北京:中国轻工业出版社,2012.

[10]单宁.展示空间案例分析[M].武汉:华中科技大学出版社,2017.

[11]王芝湘.展示设计[M].北京:人民邮电出版社,2015.

[12]王新生.展示工程与设计[M].武汉:华中科技大学出版社,2017.